大美中国茶

余悦 主编

文化 茶具 图说

中国出版集团

世界图书出版公司

西安 北京 上海 广州

图书在版编目(CIP)数据

　　图说茶具文化/余悦主编.—西安:世界图书出版西安
有限公司,2014.11(2024.9重印)
　　ISBN 978 - 7 - 5100 - 8498 - 0

　　Ⅰ.①图…　Ⅱ.①余…　Ⅲ.①茶具—文化—中国—
图解　Ⅳ.①TS972.23 - 64

　　中国版本图书馆 CIP 数据核字(2014)第 209918 号

图说茶具文化

主　　编　余　悦
责任编辑　李江彬
封面设计　后声文化·王国鹏

出版发行　世界图书出版西安有限公司
地　　址　西安市雁塔区曲江新区汇新路355号
邮　　编　710061
电　　话　029 - 87233647(市场部)　029 - 87234767(总编室)
传　　真　029 - 87279675
经　　销　全国各地新华书店
印　　刷　陕西龙山海天艺术印务有限公司
成品尺寸　170mm×230mm　1/16
印　　张　12.75
字　　数　160 千

版　　次　2014 年 11 月第 1 版　2024 年 9 月第 11 次印刷
书　　号　ISBN 978 - 7 - 5100 - 8498 - 0
定　　价　45.00 元

中国茶文化图书的新佳作

——《大美中国茶》"图说"系列　序一

　　一直以来，采用图文并茂的形式介绍各种知识，似乎是科普的"专利"，不同学科知识挂图往往成为科普推广的重要方式。近些年来，随着生活节奏的加快，快乐而轻松地阅读成为一种"时尚"，于是，各方面以图释文的图书，包括人文社会科学内容的"图说"一类的书籍，也就应运而生，甚至大行其道。当然，这种做法并非仅从科普借鉴而来，也是传统的一种"回归"。因为，历史上"插图本"之类的书籍，或者"绣像"小说之类的读物，都曾占有重要的一席。如今，当我读到著名茶文化专家余悦教授的《大美中国茶》"图说"系列图书时，深感这是中国茶文化图书的又一佳作，我为它厚重而耐读的内容，大气而典雅的装饰所吸引，也引起了我对一些关于茶知识普及图书的联想。

　　其实，在中国茶文化史上，运用"图说"来宣传和普及相关知识，是一种传统和特色。早在唐代，中国也是世界上第一本茶书——陆羽《茶经》，就明确指出要用挂图的形式来介绍其内容。宋代有《茶具图赞》，更是以茶具的图画，再加以赞语，达到了最佳的宣传效果，给人们留下了深刻的印象。我想，余悦同志的这一系列书，自然是接续了这些传统的。同时，又吸取了当代的"时尚"元素，无论是文字内容，还是装帧设计，都给人以现代气息，更为精彩、精典、精美，这又是超越传统，容易受到当代社会欢迎的。

用"图说"的形式，并非仅仅与普及、普通和浅显相伴，同样可以是提升、精致和深刻的品牌；不仅仅由初涉此道者写作，同样需要高水平专家学者的积极参与。记得著名历史学家吴晗先生，就曾积极主持和热心写作《历史知识小丛书》。现代著名文史专家郑振铎先生的《插图本中国文学史》，至今仍然是治中国文学史的经典著作。中国社会科学院学部委员杨义先生的《中国古典文学图志》《二十世纪中国文学图志》，同样精彩纷呈，受到学界的好评。而余悦同志的《大美中国茶》"图说"系列也是自成风格，颇多妙趣。概括起来，起码有三方面的特色：一是严谨的写作态度。我推动和主持的首届国际茶文化学术研讨会，余悦同志是当时为数不多的风华正茂的参加者之一。二十多年来，他一直致力于茶文化的学术研究，成果丰硕，影响深广。他秉承着学者的良知和严谨的治学态度来写作每一本著作，这次同样如此。二是在研究基础上的普及。中国茶文化普及有两种态度：一是率而操笔，东拼西凑。二是深有研究，再做普及。余悦同志的这系列书，无疑属于后者。他同样汲取学界的成果，但是经过自身的思辨和消化。他更多的是在精心研究和深思熟虑之后，再向社会和大众介绍自己的创见。三是优美而耐读的文字。文喜不平，语当惊人，这是作者孜孜不倦的追求。此书的文字优美鲜活，具有张力，别有韵味，犹如上品的乌龙茶，所谓"七泡有余香"，经得起细细咀嚼。上述特点，再加上图书编辑的匠心独具的精美设计，更使这套书锦上添花。

韶华终易逝，岁月催人老。自从改革开放后，我积极参与和推动中国茶文化事业，不觉已是二十多年。我也从古稀之年，进入耄耋之期。在我年事渐高之际，能够为中国茶文化尽一份心，出一份力，诚如古人所说是"平生快事"。余悦同志也是这一历史进程的积极投身者，是以自己的学术为之做出贡献的人士。我向来认为：中国茶文化也应与时俱进，需要一代又一代人的努力。如今，我虽然从第一线退下来，依旧关心中国茶文化和祖国的繁荣富强。茶文化事业的持续发展，需要各方面形成的"合力"，需要坚持不懈的开拓进取，需要高深的研究，也需要不断的普及。

"老夫喜作黄昏颂，满目青山夕照明。"叶剑英元帅的诗句，此刻正好表达了我的心境：我们对于中国茶文化事业寄予厚望，深信必将持续历史的辉煌成就和未来的灿烂前景！

王家扬 年九七

二〇一四年十月

（王家扬先生为中国国际茶文化研究会创始会长，现任荣誉会长）

中国茶文化的多重影像

——《大美中国茶》"图说"系列 序二

在世界三大无酒精饮料中，茶以独特的风范和迷人的魅力，成为风靡全球的饮品，具有举足轻重的地位。中国茶文化精神和西方的酒神精神，代表了不同品性、不同品格、不同品味的取向与情趣。

多年以来，出现在我们眼前，回响在我们耳畔，萦绕在我们脑海的，有一个耳熟能详的词——国饮。其实，"国饮"的表达，有广博的意义和深厚的内涵。

国饮，是中国之饮。大量的史料和实物证明：中国是茶的发源地，也是茶文化的发祥地。早在六千万年前，地球上就有茶类植物。中国西南地区是茶的原产地，中国先民四五千年前就发现和开始利用茶，经历了由药用、食用到饮用的过程。世界上茶的种植、栽培、制作、加工和饮用技艺，无一不是源自于中国。

国饮，是国人之饮。茶是中国最常见、最普及和日常生活最紧密相关，又与文化艺术休戚相关的饮品。早在先秦时期，就有关于中国饮用茶叶的记载。汉代已成常规，到了唐代，更是成为"举国之饮"，并上升到品饮的精神层面。"茶米油盐酱醋茶""琴棋书画诗酒茶"，正是这种境况的概括。

国饮，是国际之饮。中国茶的外传是一件具有世界意义的事件。饮茶的国际化，给世界带来的是健康、和平、温馨与幸福。这一历程，可以上溯汉朝，下至现代。唐代的繁盛，宋代的精致，明代的普及，统一进入中国茶的传播进程。如今，世界上有五十多个国家种植茶叶，一百多个国家，近三十亿的人口饮用茶叶，成为蔚为壮观的社会生活与文化景象。

所以，我们在说"茶为国饮"时，其实说的是中国之饮，说的是国人之饮，也说的是国际之饮。

中国茶和茶文化的盛大气象，既有时间的长度，又有空间的广度，使用"上下数千年，纵横数万里"来形容是极为恰当的。博大精深的中国茶文化，既包括物质的丰富性，又包括事项的繁复性；既包括文化的多样性，又包括精神的深刻性。哲学、历史、文学、艺术、美学、民族学、民俗学，植物学、生态学及绿色食品、加工制作、商品销售、包装设计、创意策划等等，都与中国茶和茶文化有"解不开、理还乱"的姻缘。

正因为如此，中国茶文化展现出异彩纷呈的立体画面。我们认为作为向海内外传播中国茶文化知识的系列图书，既要能够反映茶文化的整体面貌，又要具有茶文化的多重影像。在茶书大量出版的今天，要设计这么一套新意迭出的图书更为不易。为此，我们在这套图书中突出四个关键词：文化、器物、艺术、空间，并且用图文并茂的形式给予立体的展现。其中，《图说中国茶文化》

采用洗练的文字，扼要的叙述，全面反映中国茶文化的多个侧面；《图说茶具文化》是对茶艺中最有实际效用和文化意味的器物（茶具）进行观察与历史及实用、文化的多角度探讨；《图说香道文化》以与茶文化相融合的香道艺术作为视点，从中窥见茶艺与其他相关艺术的关联与契合；《图说红木文化》与其他对红木器具介绍的著作颇为不同，而是站在品茗空间设计的立场来考察相关的红木器具。这四个方面的组成，既有宏观的视野，又有微观的扫描，体现出对前辈学者"龙虫并雕"学术传统的继承与创新运用。

我们对整套图书采用了"图说"的方式。"图说"是运用照片和图片的直观方式来进行诠释，使读者更为畅达、畅怀、畅快地享用、享有、享受茶文化。这种畅享，是不同国家、不同民族、不同群体都能够共同享有的。记得二十多年前，我题词时曾写道："茶使世界更美好，茶使人类更健康"。我想，这应该是我们始终秉承的理念，也是本套图书编撰的初衷。

让我们跟随着《大美中国茶》图说系列的步伐，亲近茶文化，走进茶文化，畅享茶文化！

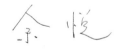

2014 年 5 月　于洪都旷达斋

引 言

茶具的角色解构与文化密码

"素瓷传静夜，芳气满闲轩。"这是唐代大书法家颜真卿等人《五言月夜啜茶联句》时，陆士修写下的两句诗，也是联句最后的点睛之笔。洁白的茶碗传递出静谧神秘的夜色，清幽的茶香充溢着恬静娴雅的房间，是何等让人心旷神怡的迷恋景象。在这里，茶碗和茶香水乳交融，成为和谐的整体。

的确，在茶文化的体系中，在茶艺生活的实践中，茶具和茶叶总是相伴相随，形影不离。正是由于茶叶的作用，使茶具从生活的器物，成为有生命力的艺术品；也正是由于茶具的丰富，使茶叶呈现出千姿百态，更加增添无限的魅力。每一个爱茶人，都会对此有深切的感受。

其实，作为器物的茶具，存在三种不同的形态：生活品，艺术品，收藏品。

所谓"生活品"，因为茶具是最为常见、常用的物品之一。"柴米油盐酱醋茶"，是开门七件事，喝茶即在其中。就像吃饭要饭碗一样，喝茶需要茶杯，或者使用茶碗。起码在西汉宣帝神爵三年（公元前59年），王褒《童约》确凿无疑地记载那时已经有专用茶具。至于唐代，随着"茶道大行"，茶文化和茶艺的完善与成熟，专用茶具也发展到完备和精美。陆羽《茶经》载录的"二十四器"，就是成套饮茶器具的展示。这些器具，还极大地影响了日本茶道，至今还有二十种器具在日本使用。法门寺出土的金银茶具，则是皇宫曾经使用过的器具，展现出茶具的另一种风采。从宋元到明清，从近代到当代，茶具作为实用的生活型器物，总是不断发展，今日更是呈现出风情万种。

所谓"艺术品"，包括两层意思：一是茶具本身就是艺术品，承载着大量的文化信息和艺术元素；二是茶具成为茶艺必不可少的器物，并且在两者的相得益彰更显光彩。茶具才生产的过程中，构想更为精当，设计更为精致，制作更为精细，产品更为精美。特别是，茶具从创意到创作，从生产到评鉴的各个环节，甚至包括消费者选购和使用，除了实用性之外，还看重其文化意义与艺术品位。"景瓷宜陶"，正是由于文化性、艺术性成为茶具的"双璧"。至于茶具与茶艺的关系，犹如茶叶与茶艺的关系。在茶艺生活中，总是离不开茶叶、茶具和水，三者是缺一不可。水强调的是品质、品味，茶叶强调的是品类、品质，茶具强调的是品相、品位。在这品相、品味的审视中，自然把文化属性、艺术属性放在重要位置。而且，茶艺是一种艺术行为，追求视觉效果，美轮美奂的茶具也必然是首先选择。

所谓"收藏品"，是指茶具具有收藏价值和收藏市场。茶具成为收藏品，也是始自古代。在不少历代著述中，每每见到茶具经数代而流传，或者富翁因茶破家而为拥有价值连城茶壶自许的记载。这些论证表明，茶具是具有长久价值的，是可以流传后世的。现代社会，在各种综合性的博物馆中，茶具也是其中不可或缺的展品。而且，各种性质的茶叶、茶文化博物馆，都是把茶具作为重要的部类。尤其是，各种规模的茶具专题博物馆、展示馆，更是追求不同的特色和风貌。茶具的个人收藏，成为当代收藏的亮点之一。正因为如此，景德镇的名家茶具制品，往往价格不菲，还有创作者介绍和签名的收藏证书。紫砂壶的市场价格不断上升，拍卖价格更是屡创新高。"盛世搞收藏。"随着社会和经济的发展，茶具的收藏也在持续前行。

还有一点要说及：茶具虽然是生活品、艺术品、收藏品，但是，却有着丰富的文化内涵，体现出深刻的哲学思考。"文以载道"，是中国古代一以贯之的思想。同样，"器以载道"也是传统文化一脉相承的做法。唐代陆羽制作煮茶用的风炉，就是按照《周易》的精神，把哲学思考和人生抱负统统融入其中。这样的例证，俯拾皆是。而且，茶具的哲理内涵和文化是以物态的形式存在的，其外形的表现是深层次内容物的载体，诸如天地玄黄、和谐之道、审美观念、福寿安康，都圆满的在这器与形、外与内的小小乾坤统一起来。

茶具的上述角色和特性，决定着其多方面的身份体现与未来走向。但是，不管茶具千变万化，生活性、艺术性、收藏性的基本立足点是难以改变的。而且，由于茶文化和茶艺的普及与提升的双重需要，茶具属于茶文化体系的性质不会改变，茶具与茶艺的结合也会越来越密切。这种大的走向，必然是总体趋势。

"工欲善其事，必先利其器。"在茶艺活动中，茶叶的色香味形，水质的清净甘冽，茶具的适用精美，无疑需要和谐的统一。明代许次纾《茶疏》说得好："茶滋于水，水精于器，汤成于火，四者相顾，缺一则废。"让我们从茶文化的基点出发，解构茶具历史、器用、文化、价值等多方面的密码！

第一章 Chapter.1

茶具简史

关于茶具的定义，古今并不相同。古代的茶具，泛指制茶、饮茶使用的各种工具，包括采茶、制茶、贮茶、饮茶等几大类，唐代陆羽的《茶经》就是这样概述茶具的。现在所指专门与泡茶有关的专用器具，古时叫茶器，直到宋代以后，茶具与茶器才逐渐合二为一。目前，茶具则主要指饮茶器具。

第一节
茶具的起源

中国茶具的发展之道，是由粗趋精、由大趋小、由繁趋简，从古朴富丽再趋向淡雅的返璞归真的过程，从茶具就可品味出时代的茗韵。

从饮茶开始就有了茶具，从一只古朴的陶碗到一只造型别致的茶壶，历经数千年的变迁，这一只只茶具的造型、用料、色彩和铭文，都是历史发展的反映。历代名师创造了形态各异、丰富多彩的茶具艺术品，留传下来的传世之作，都是不可多得的文物珍品，当它一一地展现在你面前的时候，你会感到惊讶和感叹。无论是宫廷的金银茶具、还是古朴典雅的紫砂茶壶；无论是历史上官窑烧制的瓷器茶杯、茶碗，还是民间艺人创造的漆器或竹编茶具，都会使你赞不绝口。茶具如同其他炊具、食具一样，它的产生和发展，经历了一个从无到有，从共用到专用，从粗糙到精致的历程。随着"茶之为饮",茶具也就应运而生,并随着饮茶的发展,茶类品种的增多,饮茶方法的改进而不断发生变化,制作技术也不断完善。

在原始社会,人类生活简单朴素。韩非子《十遇》及《五蠹》等篇说到尧的生活是茅草屋、糙米饭、野菜根,饮食器是土缶,以后才发明使用黑陶等器具。可见茶叶最初的烹饮阶段,不可能有专用的茶具,大都是和其他食品共用的,一器多用,以木制或陶制的碗,兼作为饮茶的器具。茶具的发展与陶瓷生产的发展密切相关。而陶瓷的产生和发展是先陶后瓷,瓷是由陶发展而来的。浙江余姚河姆渡第四文化层出土的陶器"夹炭黑陶",距今已有7000多年历史了,是新石器时代最早的陶器之一。

茶具的发展与茶叶是密不可分的,茶的烹用方法,也随着茶叶生产技术的改进和茶类的发展而不断变化。最早发现野生茶树时,是采集鲜叶在锅中烹煮成羹汤而食,这时候的烹饮方法和器皿很简单。春秋时代,茶叶作为蔬菜,与煮饭菜相同,没有什么特别的烹饮方法和器皿。当人类进入阶级社会以后,奴隶主和贵族阶级的出现,形成有闲阶级,饮酒喝茶逐渐发展,对器具也有了新的要求,从而出现了专用于茶的贮茶、煮茶和饮茶的器具。

茶具的产生,始于奴隶社会,当时主要的茶具为煮茶的锅、饮茶的碗和贮茶的罐等。随着时代的演变,茶叶消费日广,因消费的茶类不同,习俗不同,消费对象不同,不论茶具的形式、茶具的配套或茶具的用料等,都不断发生着变化。

到了奴隶社会和封建社会交替的时期,由于以压制饼茶为主,此时除上述所举煮、饮和贮藏用的茶具外,又添了焙炙、研末和浇汤用的器具。茶具在汉代已问世，但它还基本停留在与食器、酒器混用的阶段，自成体系的专用茶具还没有诞生，这一时期为茶具的萌芽阶段。西汉辞赋家王褒《僮约》有"烹茶尽具，酺已盖藏"之说。

秦汉时期，泡饮方法是将饼茶捣成碎末放入瓷壶并注入沸水，加上葱姜和橘子调味。饮茶已有简单的专用器皿。从秦汉到唐代，随着饮茶区域和习俗传播的扩大，人们对茶叶功用认识的提高，促使陶器业飞跃发展，瓷器也已出现，茶具越来越考究，也越来越精巧。

到了唐代，茶已经成为人们日常的饮品，因而也更讲究饮茶情趣，因此茶具不仅仅是饮茶过程中不可缺少的器具，也有了提高茶叶色、香、味的要求，加上一件精美的茶具，本身就蕴含欣赏价值。"茶具"一词在唐诗里处处可见，诸如唐代诗人陆龟蒙《零陵总记》说："客至不限匝数，竟日执持茶器。"白居易《睡后茶兴忆杨同州诗》："此处置绳床，旁边洗茶器。"稳定的社会，安乐的生活，使人们对茶的认识更为深刻，文人雅士的提倡，使得饮茶风气十分深厚，白居易曾坦言："食罢一觉睡，起来两瓯茶。"品茶成为士大夫追求雅趣、以茶会友、精神享受的时尚，各种茶宴、茶会的相继出现，标志着饮茶已发生质的变化，品饮结合的艺术升华，对专用茶具的呼唤都使茶具历史上出现了划时代的革命。

唐代宫廷茶具

唐代赵窑茶碗

唐代寿州窑黄釉水注

第二节
唐代茶具

萧翼赚兰亭图 [唐] 阎立本（表现了茶具用法）

　　由于唐代时茶已成为人们的日常饮料，更加讲究饮茶情趣，因此，茶具不仅是饮茶过程中不可缺少的器具，还有助于提高茶的色、香、味，具有实用性，而且一件高雅精致的茶具，本身又蕴含欣赏价值，有着很高的艺术性。所以，我国的茶具自唐代开始发展很快。中唐时不但茶具门类齐全，而且讲究茶具质地，注意因茶择具。唐代的饮茶方式与今人有很大的不同，以致有许多茶具是今人未曾见到过的。

唐代，由于陆羽的倡导，茶开始由加料的羹煮发展成为清茶的烹煮，人们开始由喝茶进入到品茶的境界，饮茶开始成为人们精神生活的一部分。唐代茶具极为丰富多彩，既上承了两晋南北朝的青釉艺术，又丰富以热烈的三彩陶艺，更兼领千年风骚的越窑幽韵，而唐代的金属工艺也十分精湛。

茶具又称茶器。最初都称为茶具，如王褒《僮约》的"烹茶尽具"，指烹茶前要将各种茶具洗净备用。茶具到晋代以后则被称为茶器了。到了唐代，陆羽《茶经》中把采制所用的工具称为茶具，把烧茶泡茶的器具称为茶器，以区别它们的

用途。宋代又合二为一，把茶具、茶器合称为茶具，沿用至今。

唐朝中叶，北方地区消费茶增多，引起了各地瓷窑的兴起，尤以烧制茶具为中心。据陆羽《茶经》记载，当时产瓷茶器的主要地区有：越州、岳州、鼎州、婺州、寿州、洪州等地，其中以浙江越瓷最为著名。此外，四川、福建等处均有著名的瓷窑，如四川大邑生产的茶碗，杜甫有诗称赞："大邑烧瓷轻且坚，扣如哀玉锦城传，君家白碗胜霜雪，急送茅斋也可怜。"

陆羽说，煮茶与烹茶相同，但用锅较大。又说，每炉烧水一升，酌五碗，至少三碗，至多五碗。若人数多，要十碗，就分两炉。说明茶具应与饮茶人数相适应。

据陆羽《茶经》"四之器"中所列，连同附件统计，煮茶、饮茶、炙茶和贮茶用具共有29件，可见唐朝时茶具的发展已

很可观。现分述如下：

风炉

由铜或铁铸成，也有泥烧成的。形状像古鼎，下有三只脚。炉壁厚三分，上口有九分厚的边，边六分宽的部分在炉壁内方，以便用泥墁于膛壁。炉下方的三只脚上共有二十一个古字：一脚是"坎上巽下离于中"，另一脚是"体均五行去百疾"，第三脚是"圣唐灭胡明年铸"。在三只脚间各开一窗洞，底下的一个洞用以通风漏灰。三个窗口上并排有六个古字："伊公""羹陆""氏茶"，意为"伊公羹，陆氏茶"。内设"滞墲"，有三格，一格有长尾野鸡的图形，这是火禽，画有离卦；一格有彪，是风兽，画巽卦，另一格有鱼，是水虫，画坎卦。巽表示风，离表示火，坎表示水。风能助火，火能把水烧沸，所以要有这三卦。另有花木、山水等图案作为装饰。据说此炉由陆羽设计。

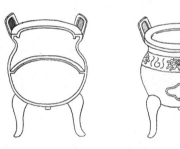

风炉的断面

翟火离

彪风巽

鱼水坎

墆墲

墆墲底穴

灰承

接盛灰烬的用具，由有三只脚的铁盘构成。

火夹

别名筋，就是火钳。铁或熟铜制，长约一尺三寸。

炭挝

六棱的铁棒，一头尖，稍下较粗，长约一尺。细的一头系上一小辗，作为装饰。

炭槌　　　　　槌式　　　　　斧式

竹夹

小青竹制成，长约一尺二寸，一端的一寸处有节，其余部分剖开，用其夹茶在火上烤时，白竹出汗，利用它的香气以增加茶的香味。

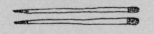

纸囊

即纸袋。用质地白厚的上等剡藤纸，做成双层纸袋。贮放烤好的茶，使其不致失去香气。

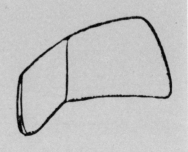

罗、合罗

大竹剖开，弯曲成圆形，用纱或绢作底。筛下的末用合盖贮放。合，竹节制成，或由薄杉木板弯曲成圆形，漆好。全高三寸，盖一寸，底二寸，直径四寸。

合盖

罗末　　　合底

碾

由碾轮和碾槽构成。最好用枯木，其次是梨、桑、梧桐、柘木。碾槽形状内圆外方，内圆以便运转，外方防止倾倒。内可放进碾轮，圆盘状，直径三寸，中心部厚一寸，边缘厚约半寸。盘中心有轴，中方外圆，长九寸，宽一尺七寸。

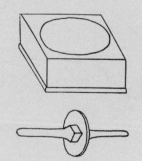

堕

拂末

扫茶末用，多用鸟羽。

漉水囊

为滤水工具。骨架多用生铜制成，因熟铜制的易附着青苔及污物，不便于清除茶中杂物，铁则因锈而腥涩，影响水味，不宜采用。居住山村的人，有用竹、木制的，但不耐用，外出不便携带，用生铜较好。袋子用青篾丝织成，可以收卷。或用碧色的绢缝制，还加上翠钿作为装饰，直径五寸，柄长一寸半许。外用绿油布袋贮放全部滤水工具。

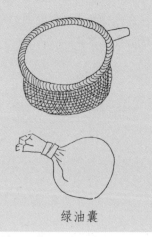

绿油囊

木夹

以桃、柳、蒲葵、柿心木或竹制成，长一尺，两头用银包裹。

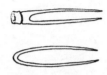

釜

即锅，生铁制成，以坏了的农具炼铸。炼铸时内抹土外抹砂。里面因抹土而光滑，锅内面易于磨洗，外面因砂而粗糙，易吸热。锅的耳制成方形，使之平正，锅边较宽，使其能伸展得开，锅脐要长，并在中心，使火力集中于锅中间，则水在锅正中沸腾，水沫易于上升，水味可醇正。洪州用瓷锅，莱州用石锅。瓷锅、石锅都雅致好看，但不坚固，不能持久。用银锅非常清洁，但又过于奢侈华丽。从耐久着眼还是铁制为好。

交床

十字相交的木架，上板中空，可支撑锅。

瓢

葫芦一分为二而成瓢，或用木制成，叫牺勺。晋杜毓写《葬赋》，其中有一句："酌之以瓠"。瓠，就是瓢。它的形状：口阔，瓢身薄，柄短。晋永嘉中，余姚人虞洪到瀑布山采茶，遇一道士对他说："我名丹丘子，改天你的瓯牺里有多的茶，给我些。"瓯是小瓦盆，牺就是木勺，常用梨木制成。

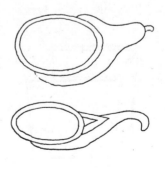

鹾簋

"鹾"即"盐"。盛器，瓷制，圆形，直径四寸，像盒子或瓶形，小口坛形，装盐用。

碗

越州产的瓷品质最好，鼎州、婺州产的较差，又有岳州的较好，寿州、洪州略次。

熟盂

盛开水用，瓷或砂制，容积二升。

揭

取盐用具。竹制，长四寸，阔九分。

水方

用青杠、槐、楸、梓等木制，漆内方及外缝，可盛水一斗。

则

量器，利用贝壳，或用铜、铁、竹制的匙、箸之类。大致开水一升，取一"方寸匕"匙量的茶末。喜味淡的可减少，喜浓的可增加。

涤方

用楸木制，形似水方，容积八升，洗涤茶具。

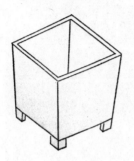

滓方

似水方，容积五升，用以收集茶渣。

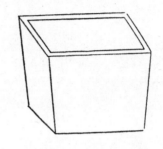

筥

竹子编成，圆形，高一尺二寸，直径七寸。或先做成筥形的木模型，用藤子编织，有六出的圆眼，盖和底如箱子的口，削光滑。

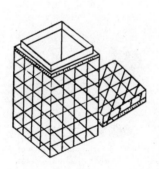

具列

木或竹制成床或架，或竹木制成小柜，有的可开关，上漆，长三尺，阔二尺，高六寸。用以贮放陈列所有的器具。

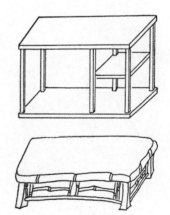

都篮

装所有器具的竹篮，竹篾编成。内方编方眼，三角形交错。外用双篾，宽篾作经线，细为单篾编织，交替压作经线的双篾，编成方眼，要玲珑好看。篮高一尺五寸，长二尺四寸，宽二尺，篮底宽一尺，高二寸。

畚

白蒲草编成，可放碗十个。

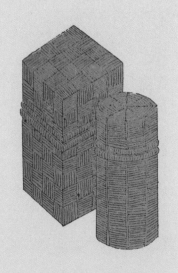

巾

类似布的粗绸，长二尺，应有两块交替使用，清洁茶具。

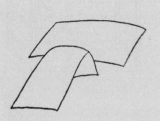

扎

茱萸木夹棕榈纤维，捆紧，成大笔形，作刷子用。

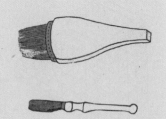

这些茶具并非每次饮茶时必须件件俱备，在不同的场合下，可以省去不同的茶具。可见到了唐朝煮茶、饮茶的用具非常繁杂，一般百姓不大能办到。

唐时，生活讲究的家庭都备有 24 件精致茶具，为全套的碾茶、泡茶、饮茶器具。同时还有收藏器具的精巧小橱，可以携带，以便与人斗茶。当时皇宫贵族家庭多用金属茶具，而民间却以用陶瓷茶碗为主。那时瓷制茶碗主要的有青釉、白釉两种。

陕西扶风法门寺地宫出土的茶具，提供了唐代宫廷金银茶具的实物。地宫中安奉的是唐懿宗、僖宗皇帝供奉的茶具，随茶具出土的还有一块记载茶具详细名目的石碑。出土器物和碑账核对，名目相符的茶具实物有：鎏金飞鸿球路纹银笼子；金银丝结条笼子；壶门高圈足座银风炉；鎏金天马流云纹银茶碾子；鎏金飞鸿纹银则；鎏金仙人驾鹤纹壶门座茶罗子；鎏金人物画银坛子；鎏金使乐纹银调达子；鎏金银龟盒；系链银火筋；蕾纽摩羯纹三足架盐台；琉璃茶碗茶托。这些茶具，各有其功用，如茶碾子、茶罗子是用来碾茶饼和罗筛茶末的；银笼子和龟盒是贮藏茶饼与末茶的；风炉和火筋是用于炙茶、煮茶的；琉璃茶碗、茶托是饮茶用的；三足架盐台是放盐的。地宫出土的茶具功能，是与唐代流行的饼茶煮饮法是相吻合的。

我国古代重视品茶，使用茶具也很考究，人们把茶具列为品茶必要的艺术条件，也是客来敬茶的重要工具。唐李匡义《资暇集》："茶托子，始建中蜀相崔宁之女，以茶杯无衬，病其熨指，取揲子承之，既啜而杯倾，乃以蜡环揲子之央，其杯遂定……人人为便，用于代，是后传者更环其底，愈新其制，以至百状焉。"这是茶杯有底环的开始。

第三节

宋代茶具

斗茶图〔宋〕刘松年（局部）

　　宋代时期是隋唐时期中国饮茶文化发展高峰的延续，是茶文化的研究阶段。这一时期茶叶产地扩大、产量剧增，比起唐朝多数制茶技术也有明显的改进，最大的改变是由蒸青茶饼茶改进为蒸青散茶；宋末由蒸青散茶发展为炒青散茶，提高了成品茶的真香真味，是制茶技术的一次革命。饮茶卫生获得广泛的重视，人们不可一日无茶，茶肆、茶楼由寺庙僧众经营转为民间经营，功能出现多样化趋势。

　　宋代的饮茶法和唐代相比，也发生了变化。唐人的煎茶法饮茶逐渐被宋代的人们弃用，点茶法成为当时的主流饮茶方法。尤其到了南宋，点茶法更是大行其道。从器具上来说，宋代的饮茶器具却和唐代的大体相似。只是煎茶的器具，已逐渐为点茶的瓶所替代。宋人的饮茶器具有茶焙、茶笼、砧椎、茶钤、茶碾、茶罗、茶盏、茶匙、汤瓶等。这些饮茶器具的具体形制，宋代蔡襄《茶录》就有记载：

茶焙
竹编的笼子，笼内有微火烘焙，用于藏茶、养茶；

茶笼
竹编密封的藏茶用品；

砧椎
敲碎饼茶用的器具，砧用木制，椎用金银或铁制；

茶钤
炙烤饼茶用；

茶碾
饼茶碾末用；

茶罗
罗筛末茶用，丝绢制作；

茶盏
点茶时盛茶汤用，瓷器材质；

茶匙
点茶时击拂茶汤用，由银、铁或者竹子制作；

汤瓶
盛装沸水，冲点茶汤用，有金、银、铁或者瓷、石等多种材质。

除了蔡襄外，宋代审安老人的《茶具图赞》更是留下了茶具的宝贵史料。这本作于南宋咸淳五年（公元 1269 年）的茶书，列出了 12 种茶具，每种茶具都绘有图样，写有赞诗，还将茶具人格化、理想化，根据历史掌故和材质、形状、用途，为每件茶具都取了姓名、字号，体现出"器以载道"的思想。《茶具图赞》所列的 12 种茶具是：

木待制

名利济，字忘机，号隔竹居人。这是蔡襄《茶录》中的砧椎，用来敲碎饼茶的木制品。

韦鸿胪

名文鼎，字景旸，号四窗闲叟。这是用竹笼包围着的煮茶风炉。

石运转

名凿齿，号香屋隐君。这是石头制成的茶磨，将散茶磨成茶末。

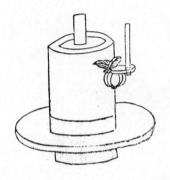

金法曹

名研古，或名轹古，字符锴；或字仲铿，号雍之旧民；或号和琴先生。这是蔡襄《茶录》中的茶碾，把饼茶碾成茶末。

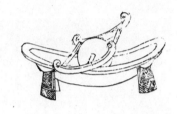

胡员外

名惟一，字宗许，号贮月仙翁。这是用葫芦制成的取水用具。

宗从事

名子弗，字不遗，号扫云溪友。这是用棕制成的清扫末茶的器具。

儒林华国古今同
绘事飞毫醒醉中
多士作新知人毂
画图猫喜见文雄

明时不与有唐同
赖知迁
白京谨依

文会图〔宋〕赵佶

陶宝文

名去越，字自厚，号兔园上客。这是蔡襄《茶录》中的茶盏。陶瓷烧制，品饮时盛装茶汤。

罗枢密

名若药，字传师，号思隐寮长。这是蔡襄《茶录》中的茶罗，用来罗筛末茶。

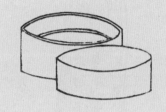

汤提点

名发新，字一鸣，号温谷遗老。这是蔡襄《茶录》中的汤瓶，用来烧水、注汤和点茶。

漆雕阁

名承之，字易持，号古台老人。这是漆雕的盏托。

司职方

名成式，字如素，号洁斋居士。用于清洁茶具的布巾。

竺副帅

名善调，字希点，号雪涛公子。这是蔡襄《茶录》中的茶匙。用来击拂、调理茶汤的用具，又称茶筅，用银、铁制成的。

《茶具图赞》记载的12种茶具，与蔡襄《茶录》的主要器具是一致的，其中有6种还是完全对应的。

在茶具种类方面，宋代除增加了磨末用的茶磨外，较之唐代变化不大，但在造型和工艺上却有较大发展。宋代饮茶多用点茶法，茶瓶的流嘴加长，口部圆峻，器身与器颈增高，把手的曲线也变得很柔和，茶托的式样更多。托圈一般均较高，有敛口的，也有侈口的，

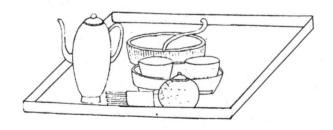

续文房图赞［宋］罗先登（宋代茶器组）

而且许多托圈内中空透底。出土文物中除瓷、银制品外，还有金茶托和漆茶托。如内蒙古临河高油房西夏窖藏出土金茶托，江苏常州北环新村宋墓中出土银朱漆茶托。宋吴自牧的《梦粱录》说杭州的茶店用"瓷盏、漆托供卖"。漆托隔热性好，绘画中的饮茶者多用漆托，不易保存，故出土较少。宋代点茶器具中，最珍贵的是建窑盏，尤其以兔毫纹黑釉盏著名。白瓷以景德镇的瓷器最为著名，其他如湖南醴陵、河北唐山、安徽祁门的茶具也各具特色。景德镇原名昌南镇，北宋景德三年（1004 年）真宗赵恒下令在浮梁县昌南镇建办御窑，并把昌南镇改名为景德镇。

宋代茶盏

撵茶图［宋］刘松年
（展现饮用贡茶茶具）

人物图［宋］佚名
（书斋内有茶具）

第四节
明清茶具

　　在中国茶文化史上，元代是上承唐宋，下启明清的一个过渡时期。元代统治中国不足百年，找不到一本茶事专著，但仍可以从诗词、书画中找到一些有关茶具的踪影。在当时有采用点茶法饮茶的，但更多是采用沸水直接冲泡散茶。在元代采用沸水直接冲泡散形条茶饮用的方法已较为普遍，这不仅可在不少元人的诗作中找到依据，还可从出土的元代冯道真墓壁画中找到佐证。由于元代散茶、末茶的饮用增多，因而茶具的种类简化，但质量却有提高。当时，青花瓷茶具声名鹊起，白瓷上缀以青色纹饰，既典雅又丰富，和茶文化内涵的清丽恬静相吻合，深受饮茶人士的推崇。

　　明清时期是茶艺文化多元化发展时期，也是茶具艺术的转变时期。明代中叶正值茶文化的鼎盛时期，茶的品饮方法日趋讲究，沏茗畅饮替代了宋代烹煎，因此茶事进一步讲究器具。其所具有的艺术价值与使用价值依托茶事发展而提升，二者之间相互推进，具体表现在精神和物质两个方面。品茗本是生活中的物质享受，茶具的配合，并非单纯为了器用，也蕴涵人们对形体审美和对理趣的感受，既要看重内容，又要讲求形式一体。真正雅俗共赏的珍品，应有它出类拔萃的气质和高超的技巧和功力，方能得到社会的公认和历史的肯定。明朝沿宋朝开拓散茶创新，茶类的创新推动了茶学理论的深化发展，特别是茶叶加工理论的系统化和具体化。明代的散茶泡饮为饮茶提供了很大的方便，各式各样的泡茶法均可实现饮茶目的。如宋代的用盏碗泡法，又如唐代就形成的三五好友聚饮传统，到明代发展为壶泡法，三五知己同斟共饮。并且由于以茶交友的需要，大壶茶又发展为品趣的小壶小杯，或为工夫茶的雏形。明代散茶的创新，其品饮需要茶具的配合，因此茶具也发生了很大的变革，一是瓷质茶壶茶杯取得前所未有的发展，二是紫砂壶创造了既实用大方，又充满艺术内涵的新局面。

到了明代，人们不再以斗茶为乐，而明朝统治者也力避

明代陈信卿梨皮壶

明代供春小壶

明代成化青花花鸟杯

太平春市图［清］丁观鹏（局部，内有茶具）

六瓣圆囊壶
（明代龚春款，明正德八年铭）

浮华，采取了开明政策，反映到茶事上便是"罢造龙团"。散茶的真正流行还是在明代洪武二十四年(1391年)以后的事，据《野获编补遗》记载，在明朝初期制茶"仍宋制"，还是以上贡建州茶为主，"至洪武二十四年九月，上以重劳民力，罢造龙团，唯采芽茶以进。"一改宋元时代上贡龙团茶的旧制，从此用蒸青法制团饼茶衰落、散茶开始兴盛，碾末而饮的唐煮宋点因此也变成了以沸水冲泡叶茶的瀹饮法，品饮艺术发生了划时代的变化，开千古清饮之源。进入明代中叶，文人学士们率先开始追求平淡自然、返朴归真的审美情趣，成为饮茶艺术的再次升华，全国上下对茶具实施了去粗存精、删繁就简的历史性突破，为陶瓷茶具成为品饮场中的主流开辟了通道。总的说来，与前代相比，明代有创新的茶具当推小茶壶，有改进的是茶盏，它们都由陶或瓷烧制而成。在这一时期，江西景德镇的白瓷茶具和青花瓷茶具、江苏宜兴的紫砂茶具获得了极大的发展，无论是色泽和造型、品种和式样，都进入了穷极精巧的新时期。

明代的散茶种类繁多，虎丘、罗岕、天池、松萝、龙井、雁荡、武夷、日铸等是当时很有影响的茶类，这些散茶都不需碾罗便可冲饮。明人认为这

明隆庆朱红双龙杯

种饮法，"简便吕常，天趣悉备，可谓尽茶之真味矣。"这种瀹饮法实际上是在唐宋时就已存在于民间散茶饮用方法的基础上发展起来的。从茶具上来说，相对唐宋而言，可谓是一次大的变革，因为唐宋时期人们以饮饼茶为主，采用的是煎茶法或点茶法和与此相应的茶具。元代时，条形散茶已在全国范围内兴起，饮茶改为直接用沸水冲泡，这样，唐宋时期的炙茶、碾茶、罗茶、煮茶器具成了多余之物，而一些新的茶具品种脱颖而出。明代对这些新的茶具品种是一次定型，因为从明代至今，人们使用的茶具品种基本上无多大变化，仅仅在茶具式样或质地上有所变化。另外，由于明人饮的是条形散茶，贮茶、焙茶器具比唐宋时期显得更为重要。而饮茶之前，用水淋洗茶，又是明人饮茶所特有的。明代茶具简便，但也有特定要求，同样讲究制法、规格，注重质地，特别是新茶具的问世，以及茶具制作工艺的改进，比唐宋时期又有大的进展。特别表现在饮

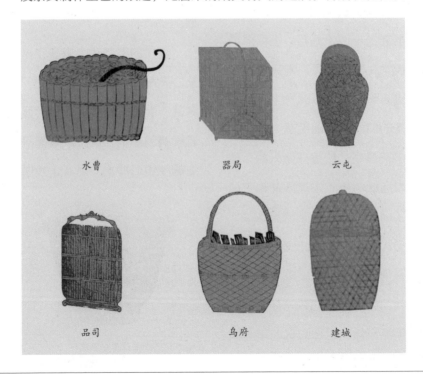

水曹　　　　　　　器局　　　　　　　云屯

品司　　　　　　　乌府　　　　　　　建城

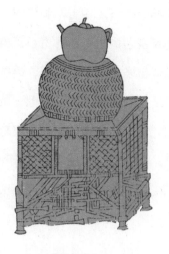

苦书君像

茶器具上，最突出的特点：一是出现了小茶壶，二是茶盏的形和色有了很大的变化。总的说来，与前代相比，明代有创新的茶具当推小茶壶，有改进的则是茶盏，它们都由陶或瓷烧制而成。

所谓"器随人变"，由于明代散茶瀹饮法的普及，"投茶于贡煎煮之"的壶泡法或"撮细茗人茶瓯，以沸汤点之"的"撮泡法"（陈师道所记载的当时苏、吴一带的烹茶法）成为当时饮茶风尚，以前茶具中的碾、磨、罗、筅、汤瓶之类的茶具皆废

弃不用，而在藏陈茶具、冲泡器具、饮茶器具等选择上也发生了重大变化，譬如贮茶器，散茶喜温燥而忌湿冷、炒制好的茶叶如果保藏不善，就会破坏茶汤的效果。一般来说，明代的散茶保藏采用瓷瓶或砂瓶，并杂以箬叶包裹。譬如冲泡器具，明代茶具有了较大的改进．真正意义上直接用于泡茶的茶壶出现并得到了迅速发展。作为饮茶器具的茶盏、宋代崇尚的黑釉盏也退出了历史舞台，更突出其实用价值和欣赏价值，代之而起的是景德镇的白瓷，

苦书君行省

明代时大彬僧帽壶

明宣德年间宝石红僧帽壶

清初紫砂提梁壶

在盏上加盖，一可保温，二能防尘，三可滤茶，四显庄重典雅。自此，一盏一托一盖成为茶人不可或缺的饮器，人们称之为盖碗。

饮茶方式的一大转变带来了茶具的大变革，从此壶、杯及盖碗搭配的茶具组合一直延续到现代，形成茶饮生活中饮茶器具的基本单元。明代时，品茶瓷色尚白，器形贵小，当时瓷窑多生产小而精巧、色白的茶具。同时还出现了一种"茶洗"，形状如碗和盂，底部有孔，是饮茶之前用来冲洗茶叶的。16世纪中国瓷器出现在法国市场，致使法国人惊叹不已，大加赞扬，明代中期以后，又出现了用瓷壶和紫砂壶的风尚。明代茶盏，仍用瓷烧制，但由于茶类改变，宋时盛行的茶开始消衰，饮茶方式改变，此时所用的茶盏已由黑釉盏（碗）变为白瓷或青花瓷茶盏。明代的白瓷有非常高的艺术价值，史称"甜白"。白瓷茶盏造型美观，比例匀称，料精式雅，在茶具发展史上占有重要的位置。文震亨《长物志》中记载明代碾末而饮的唐煮宋点，变成了以沸水冲泡叶茶的瀹饮法，品饮艺术发生了划时代的变化。随着散茶的盛行及泡茶方式的改变，出现了茶叶专用冲泡器具——茶壶。壶的使用弥补了用盏喝茶时茶汤易冷及浪费茶叶的缺陷。在这一时期白瓷、青花瓷与各种彩瓷茶具非常流行。

每个时期的作品都与当时的社会环境、国力等因素有着重大关系，青花瓷以其淡雅的色彩，赢得了文人墨客的喜爱。在一定程度上来说，文人们的欣赏水平，决定了这些艺术品的走向，皇帝的喜好，也是推动其发展方向的强大动力。正所谓"上有好焉，下必甚焉"。

青花瓷发展到了明代已经达到了顶峰，这和当时明朝的雄厚国力有着莫大的关系。洪武时期，青花瓷在各方面都继承了元代的风格，但也有不同于元青花的特点。明代青花器型粗大，胎体厚重，青花色泽偏灰，图案装饰线条粗疏豪放，改变元代层次多、花纹满的风格，趋向多留白。

明永乐时期是明代国力强盛时期，随着景德镇瓷器业的昌盛繁荣和技术的不断进步，以其胎釉精细，青色浓艳，造型多样和纹饰优美而享负盛名，与宣德青花一道被称为开创中国青花瓷的黄金时代。永乐前后期的瓷器质量发生了很大变化，永乐早期制品基本接近洪武朝后期，而后期制品则与宣德早期相接。

永乐时期，明朝国力强盛，永乐皇帝多次派郑和下西洋，这些举动在一定程度上也影响了永乐青花的特点。永乐所建的报恩寺，以青花做地砖，这也是中国史上第一创举，这也足以证明永乐时期国力之强盛。这一时期的青花端庄秀美，器物线条非常柔美流畅，器形十分规整。永乐青花主要用"苏麻离青"钴料，烧造时有自然的晕散现象。

宣德时期的青花以其古朴典雅的造型，晶莹艳丽的釉色，多姿多彩的纹饰而闻名于世，

明代时大彬白泥瓜棱壶

明代时大彬葵花壶

与明代其他各朝的青花器相比，其烧造技术达到了最高峰，成为我国瓷器名品之一，这一时期著名的瓷器当属宣德炉。

宣德官窑青花，在中国陶瓷发展史上占有十分重要的地位，它从一个侧面反映了当时的社会、经济、文化、艺术以及思想观念。作为宫廷用瓷和精美的艺术品，具有独特的艺术魅力，这与当时制度的完善与技术的成熟有很大关系，其作品一直被后人推崇，为青花工艺的典范。

明朝到了宣德以后国力已经不如从前了，明正统时期，政治动荡，经济开始衰退，皇家颁发禁令不许名窑烧制黄、红、青、蓝、白的青花瓷器，造成这一时期的瓷器数量急剧减少，正统以及此后的景泰、天顺三朝被称为瓷史上的"空白期"。

到了明成化期，景德镇御窑厂的生产全面恢复正常，这一时期所烧制出的青花可谓是明代中期青花瓷艺术的代表。其器突出的特点是玲珑秀奇、精巧工细，后人对其评价颇高。代表作品鸡缸杯属于"斗彩"，斗彩即为釉下彩与釉上彩的完美结合，其烧制程序十分复杂，此杯以新颖的造型、清新可人的装饰、精致的工艺而备受赞赏，堪称明成化斗彩器之典型。

明万历期是明代历时最长的朝代，这一时期资本主义开始萌芽，社会经济有所发展，由于宫廷和上层社会对于细瓷的追求和废除禁海，致使瓷器产量剧增，青花瓷品种繁多，数量巨大，还出现了专供对外贸易的外销瓷。万历青花早期继承了嘉靖、隆庆期的风格，后来开始使用浙江青料，器物造型也开始转变，形成了自己的风格，此风格一直影响了明末乃至清初青花瓷的面貌。

清代，茶类有了很大的发展，除绿茶外，又出现了红茶、乌龙茶、白茶、黑茶和黄茶，形成了六大茶类。但这些茶的形状仍属条形散茶。所以，无论哪种茶类，饮用仍然沿用明代的直接冲泡法。在这种情况下，清代的茶具无论是种类和形式，基本上没有突破明人的规范。

清代的茶盏（茶壶，通常多以陶或瓷制作，以康（熙）乾（隆）时期最为繁荣，以"景瓷宜陶"最为出色。清时的茶盏，康熙、雍正、乾隆时盛行的盖碗，最负盛名。盖碗由盖、碗、托三部分组成。盖呈碟形，有高圈足作提手；碗大口小底，有低圈足；托为中心下陷的一个浅盘，其下陷部位正好与碗底相吻。清代瓷茶具精品，多由江西景德镇生产，其时，除继续生产青花瓷、五彩瓷茶具外，还创制了粉彩、珐琅彩茶具。清代的江苏宜兴紫砂陶茶具，在继承传统的同时，又有新的发展。康熙年间宜陶名家陈鸣远制作的梅干壶、束柴三友壶、包袱壶、番瓜壶等，集雕塑装饰于一体，情韵生动，匠心独运。制作工艺，穷工极巧。嘉庆年间的杨彭年和道光、咸丰

明代万历年间
青花六稜提梁壶

清代陈曼生提梁壶

清代陈明远包袱壶

清代陈明远梅干壶

年间的邵大亨制作的紫砂茶壶，当时也是名噪一时，前者以精巧取胜，后者以浑朴见长。特别值得一提的是当时任溧阳县令，"西泠八家"之一的陈曼生，传说他设计了新颖别致的"十八壶式"，由杨彭年、杨凤年兄妹制作，待泥坯半干时，再由陈曼生用竹刀在壶上镌刻文字或书画，这种工匠制作，文人设计的"曼生壶"，为宜兴紫砂茶壶开创了新风，增添了文化氛围。乾隆、嘉庆年间，宜兴紫砂还推出了以红、绿、白等不同石质粉末施釉烧制的粉彩茶壶，使传统砂壶制作工艺又有了新的突破。

清朝历时296年，前期国力强盛，文化达到了空前的开放，这为我国吸收外来优秀文化提供了很好的条件。这一时期的青花较之前代，又有了很大进步，达到了一座新的高峰。

清早期顺治年间，青花瓷处于一个转变期，一方面继承了明末制瓷的特征，另一方面在用料和绘画装饰上有所发展，为后来康熙时期的巅峰打下了坚实的基础。这一时期，社会动荡，政局尚未完全安定下来，御窑厂不可能全面恢复大规模生产，所以景德镇瓷业一度萧条，产量很少，官窑生产大不如从前，这时的民窑却得到了很大的发展，此时，御窑厂施行"官搭民烧"的制度。

清代陈明远束柴三友壶

卖浆图〔清〕姚文瀚(仿宋代刘松年《茗园赌市图》，内有茶具)

清中期紫砂汉方壶

清康熙年间，宜兴胎珐
琅彩花卉方茶壶

清代紫砂圆壶

清康熙年间，宜兴胎珐琅
彩花卉茶壶

到了康熙时期，青花瓷成就最大，其造型丰富多样，工艺精巧。这一时期的青花多是民窑烧制，尽管体积较大，但极少变形，风格挺拔向上，粗犷豪放，制作规范，丝毫没有笨拙感。康熙青花品种繁多，其中，瓶类是康熙青花造型最为丰富的，多用于陈设观赏。

雍正时期的青花瓷，无论造型和装饰，都可以用一个"秀"字来概括，与康熙青花挺拔、遒劲的风格迥然不同，而是代之以柔媚、俊秀的风格。雍正皇帝对烧制瓷器有着严格的审定，他重视瓷器的气势和神韵，讲究轮廓线的韵律美。他的审美情趣，对这时期瓷器的造型、绘画艺术风格起了决定性的作用。

雍正时期在仿古方面达到了空前的水平，体现了高超的制瓷技巧。在仿烧宋代五大名窑的色釉及明代永乐、宣德、成化这三朝的青花最具水准。从仿烧的青花来看，有的不仅造型神似，尺寸大小一致，而且纹饰色彩描绘逼真，达到了"仿古暗合，与真无二"的程度。

清代杨彭年曼生壶

清乾隆时期，是清代封建社会发展的鼎盛时期，瓷器生产取得了空前的繁荣，青花瓷也达到了登峰造极的程度。此时，景德镇御窑厂规模庞大，在督陶官的管理下，每年烧造各种瓷器都在数十万件以上，烧出的瓷器无论是工艺技巧还是装饰艺术都已达到了炉火纯青的地步。除传统的白地青花外，乾隆朝的青花还派生出许多新品种，把原本的传统工艺提高到了一个崭新的阶段。

康熙、雍正、乾隆三朝被称为"康乾"盛世，强大的国力是青花发展的坚实后盾，到了嘉庆时期，清王朝的综合国力明显下降，此时在御窑厂的规模、瓷器品数量上大为缩减，这一时期的青花大多延续乾隆朝的风格，前期制瓷工艺还保持较高的水平，到了后期，无论是质量还是艺术水平，都已经大不如从前。

由于清王朝闭关锁国的政策，清朝国力已经逐渐衰落。道光年间，鸦片战争爆发，大量割地赔款，皇家已经无法支付御窑厂的正常开支，这直接导致了青花的发展前景，从此之后的青花长期处于低潮状态。

度过了明代正统、景泰、天顺三朝的"空白期"，青花瓷在成化年间又重塑辉煌。器型轻盈秀雅、小巧玲珑，青花柔和奇秀、活泼雅致，收藏界一直流行着青花瓷"明看成化、清看乾隆"之说。

　　此外，自清代开始，福州的脱胎漆茶具、四川的竹编茶具、海南的生物（如椰子、贝壳等）茶具也开始出现，自成一格，逗人喜爱，终使清代茶具异彩纷呈，形成了这一时期茶具新的重要特色。中国古代茶具丰富多彩，历史源远流长。从粗放到精细，它不仅是人类共享的艺术珍品，同时也折射出古代人类饮茶文化的灿烂，反映了中华民族历代饮茶史的全貌。茶与茶文化在漫长的历史长河中如同璀璨的星辰，熠熠生辉。

第二章 Chapter.2

茶具概况

中国陶瓷业历史悠久，中国的英文名 China 即是最初瓷器传入西方，"瓷"字的谐音。中国古代瓷器，有着从低级到高级，从原始到成熟逐步发展的过程。

第一节
茶具产地

　　早在3000多年前的商代，我国已出现了原始青瓷；到东汉时摆脱了原始瓷器状态，烧制出成熟的青瓷器，这是我国陶瓷发展史上的一个重要里程碑。三国到唐代，制瓷业得到了发展，形成"北白南青"的两大窑系。即北方邢窑的白瓷"类银似雪"，南方越窑的青瓷"类玉如冰"。宋代是我国瓷器空前发展的时期，突破了以往青、白瓷的单纯色调，除青、白两大瓷系外，黑釉、青白釉和彩绘瓷等纷纷兴起，在河南禹县钧窑发现了窑变现象，使瓷釉具有各种不同的颜色，五光十色，光彩夺目。这时期出现了著名的汝、官、哥、定、钧五大名窑。古代名窑颇多，不能逐一介绍，只选与茶具关系密切的名窑，简介如下。

　　越窑，该名称最早见于唐人陆龟蒙的《秘色越器》一诗，系对杭州湾南岸古越地青瓷窑场的总称。其形成于汉代，经三国、西晋，至晚唐五代达到全盛期，北宋中叶衰落。中心产地位于上虞曹娥江中游地区，始终以生产青瓷为主，质量上乘。陆羽《茶经·四之器》中评述茶碗的质量时写道："若邢瓷类银，越瓷类玉，邢不如越也；邢瓷类雪，则越瓷类冰，邢不如越二也；邢瓷白而茶色丹，越瓷青而茶色绿，邢不如越三也。"陆羽煮饮绿茶，故极推崇越瓷。

邢窑，在今河北内丘、临城一带，唐代属邢州，故名。该窑始于隋代，盛于唐代，主产白瓷，质地细腻，釉色洁白，曾被纳为御用瓷器，一时与越窑青瓷齐名，世称"南青北白"。陆羽在《茶经》中认为邢不如越，主要因为他饮用蒸青饼茶，若改用红花比较，或要反映真实

的茶汤色泽，则结果恰好相反，所以两者各有所长，关键在于与茶性是否相配。

宋代文化在中国古代社会处于空前绝后的水平。宋瓷是宋代文化的主要构成部分，是两宋文化的一朵绚丽的奇葩。宋瓷在海外贸易中，已成为风靡世界的名牌商品。宋瓷有民窑、官窑之分、有南北地域之分。所谓官窑，就是国家中央政府办的窑，专门为皇宫、王室生产用瓷；所谓民窑，就是民间办的窑，生产民间用瓷。官窑瓷器，不计成本，精益求精，窑址的地点，生产技术严格保密，工艺精美绝伦，传世瓷器多是稀世珍品。而民窑，

汝窑茶具

宜兴窑瓷

当时生产者看重的是实用、使用价值，生产者要考虑成本，工料就不如官窑那么讲究，但也有精美的艺术产品，纵览两宋瓷坛，民窑异彩纷呈，与官窑交相辉映，蔚为大观。宋瓷窑场首推汝窑、官窑、哥窑、钧窑、定窑。后人称之为"宋代五大名窑"。

汝窑，宋代五大名窑之一，在今河南宝丰清凉寺一带，因北宋属汝州而得名。北宋晚期为宫廷烧制青瓷，是古代第一个官窑，又称北宋官窑。釉色以天青色为主，用石灰－碱釉烧制技术，釉面多开片，胎呈灰黑色，胎骨较薄。汝窑是北宋后期宋徽宗年间建立的官窑，前后不足20年。为"五大名窑"之首。汝窑以青瓷为主，釉色有粉青、豆青、卵青、虾青等，汝窑瓷胎体较薄，釉层较厚，有玉石般的质感，釉面有很细的开片。汝窑瓷采用支钉支烧法，瓷器底部留下细小的支钉痕迹。器物本身制作上胎体较薄，胎泥极细密，呈香灰色，制作规整，造型庄重大方。器形多仿造古代青铜器式样，以洗、炉、尊、盘等为主。汝窑传世作品不足百件，因此非常珍贵。汝窑瓷器最为人们称道的是其釉色。后人评价"其色卵白，如堆脂"。可见汝窑烧制的青瓷确有独特魅力，被人们推举为五窑之首，名副其实。

钧窑，宋代五大名窑之一。在今河南禹县，此地因在唐宋时为钧州所辖而得名。始于唐代，盛于北宋，至元代衰落。以烧制铜红釉为主，还大量生产天蓝、月白等乳浊釉瓷器，至今仍生产各种艺术瓷器。钧窑，分为官钧窑、民钧窑。官钧窑是宋徽宗年间继汝窑之后建立的第二座官窑。钧窑广泛分布于河南禹县（时称钧州），故名钧窑。以县城内的八卦洞窑和钧台窑最有名，烧制各种皇室用瓷。钧瓷两次烧成，第一次素烧，出窑后施釉彩，二次再烧。钧瓷的釉色为一绝，千变万化，红、蓝、青、白、紫交相融汇，灿若云霞，宋代诗人曾以"夕阳紫翠忽成岚"赞美之。这是因为在烧制过程中，配料掺入铜的氧化物所造成的艺术效果，此为中国制瓷史上的一大发明，称为"窑变"。因钧瓷釉层厚，在烧制过程中，釉料自然流淌以填补裂纹，出窑后形成有规则的流动线条，非常类似蚯蚓在泥土中爬行的痕迹，故称之为"蚯蚓走泥纹"。钧窑瓷以花盆最为出色。

定窑，宋代五大名窑之一。

定窑为民窑，以烧白瓷为主，瓷质细腻，质薄有光，釉色润泽如玉。定窑除烧白釉外还兼烧黑釉、绿釉和酱釉。造型以盘、碗最多，其次是梅瓶、枕、盒等。常见在器底刻"奉华""聚秀""慈福""官"等字。盘、碗因覆烧，有芒口及因釉下垂而形成泪痕之特点。花纹千姿百态，有用刀刻成的划花，用针剔成的绣花，特技制成的"竹丝刷纹""泪痕纹"等等。在今河北曲阳润磁村和燕山村，因唐宋时属定州而得名。唐代已烧制白瓷，五代有较大发展，白瓷釉层略显绿色，流釉如泪痕。北宋后期创覆烧法，碗盘器物口沿无釉，称为"芒口"。五代、北宋时期承烧部分宫廷用瓷，器物底部有"官""新官"铭文。宋代除烧白瓷外，还烧黑釉、酱釉和绿釉等品种。

南宋官窑，宋代五大名窑之一，宋室南迁后设立的专烧宫廷用瓷的窑场。前期设在龙泉(今浙江龙泉大窑、金村、溪口一带)，后期设在临安郊坛下 (今浙江杭州南郊乌龟山麓)。两窑烧制的器物胎、釉特征非常一致，难分彼此，均为薄胎，呈黑、灰等色；釉层丰厚，有粉青、米黄、青灰等色；釉面开片，器物口沿和底足露胎，有"紫口铁足"之称。16 世纪末，龙泉青瓷在法国市场上出现，轰动 整个法兰西，由于一时找不到合适的语言称呼它，只得用欧洲名剧《牧羊女》中女主角雪拉同所披的青色长袍来比喻，于是"雪拉同"成为青瓷的代名词。现在龙泉窑又有新的发展。杭州南宋官窑遗址建立了南宋官窑博物馆。

哥窑，宋代五大名窑之一，至今遗址尚未找到。据历史传说为章生一、章生二两兄弟在两浙路处州、龙泉县各建一窑，哥哥建的窑称为"哥窑"，弟弟建的窑称为"弟窑"，也称章窑、龙泉窑。有的文献上将浙江龙泉官窑称为哥窑，实为讹传。传世的哥窑瓷器，主要特征是釉面有大大小小不规则的开裂纹片，俗称"开片"或"文

白瓷茶具

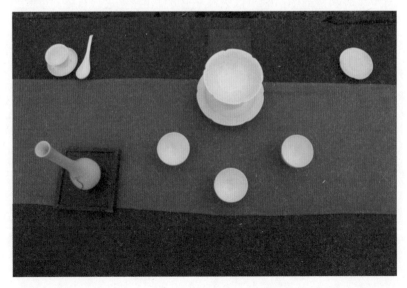

武片"。细小如鱼子的叫"鱼子纹"，开片呈弧形的叫"蟹爪纹"，开片大小相同的叫"百圾碎"。小纹片的纹理呈金黄色，大纹片的纹理呈铁黑色，故有"金丝铁线"之说。胎有黑、深灰、浅灰、土黄等色，釉以灰青色为主，也有米黄、乳白等色，由于釉中存在大量气泡、未熔石英颗粒与钙长石结晶，所以乳油感较强。釉面有大小纹开片，细纹色黄，粗纹黑褐色，俗称"金丝铁线"。从瓷器的釉色、纹片、造型来看，均不同于宋代龙泉官窑。

另外，比较有名的还有建窑、景德镇窑、宜兴窑。

建窑，在今福建建阳。始于唐代，早期烧制部分青瓷，至北宋以生产兔毫纹黑釉茶盏而闻名。兔毫纹为釉面条状结晶，有黄、白两色，称金、银兔毫；有的釉面结晶呈油滴状，称鹧鸪斑；也有少数窑变花釉，在油滴结晶周围出现蓝色光泽。

这种茶盏传到日本，都以"天目碗"称之，如"曜变天目""油滴天目"等，现都成为日本的国宝，非常珍贵。该窑生产的黑瓷，釉不及底，胎较厚，含铁量高达 10% 左右，故呈黑色，有"铁胎"之称。宋代著名书法家也是茶学家的蔡襄在《茶录》中云："茶色白，宜黑盏，建安所造者绀黑，纹如兔毫，其坯微厚，燔之，久热难冷，最为要用。出他处者，或薄或色紫，皆不及也。其青白盏，斗试家自不用。"可见，宋代盛斗茶之风，又视建窑所产的茶碗为最佳之器。

景德镇窑，在今江西景德镇。始烧于唐武德年间，产品有青瓷与白瓷两种，青瓷色发灰，白瓷色纯正，素有"白如玉、薄如纸、明如镜、声如磬"之誉。它在宋代主要烧制青白瓷。元代为宫廷烧制青白瓷，上有"枢府"字样，还烧制青花、釉里红等品种。至明代它成为全国

哥窑组合

瓷器烧制中心，设立了专为宫廷茶礼烧制茶具的工场。这时青花瓷有很大发展，茶具传到日本，日本茶道之祖村田珠光十分喜爱，称之"珠光青瓷"。此时，釉上彩、斗彩、素三彩、五彩等品种相继出现，还烧造了多种名贵蓝、红釉、甜白釉瓷器。清代时它又创制珐琅彩、粉彩等多种新品种。自宋代开始，景德镇瓷器就远销日本，明清时大量输入欧洲，同时也奠定了"景瓷宜陶"的瓷都地位。

宜兴窑，在今江苏宜兴鼎蜀镇。早在汉晋时期，就始烧青瓷，产品造型及纹饰均受越窑影响，胎质较疏松，釉色青中泛黄，常见剥釉现象。于宋代开始改烧陶器，及明代它则以生产紫砂而闻名于世。

据明末周高起的《阳羡茗壶系》中记载，紫砂壶的创始者是金沙寺僧，正始于供（龚）春，供春是学使吴颐山的家僮。明正德年间，吴颐山在金沙寺读书时，供春暇时仿老僧制壶，做了一把银杏树瘿壶，现藏中国历史博物馆，但原盖已失，曾由清代制壶大家黄玉麟配制一瓜蒂盖，后被著名画家黄宾虹看出"张冠李戴"，遂又由制壶名家裴石民重做一只树瘿壶盖。

第二节
茶具功用

尽管茶文化渗透在中国文化的各个方面，但面对琳琅满目的茶具，怎么使用，很多人并不甚清楚，那不同的茶具的功用有哪些？

1. 置茶器

①茶则：由茶罐中取茶置入茶壶的用具。

②茶匙：将茶叶由茶则拨入茶壶的器具。

③茶漏（斗）：放于壶口上导茶入壶，防止茶叶散落壶外。

④茶荷：属多功能器具，除兼有前三者作用外，还可视茶形、断多寡、闻干香。

⑤茶擂：用于将茶荷中的长条形茶叶压断，方便投入壶中。

⑥茶仓：分装茶叶的小茶罐。

2. 理茶器

①茶夹：将茶渣从壶中、杯中夹出；洗

杯时可夹杯防手被烫。

②茶匙：用以置茶、挖茶渣。

③茶针：用于通壶内网。

④茶桨（簪）：撇去茶沫的用具；尖端用于通壶嘴。

3. 分茶器

①茶海（茶盅、母杯、公道杯）：茶壶中的茶汤泡好后可倒入茶海，然后依人数多寡平均分配；而人数少时则倒出茶水可避免因浸泡太久而产生苦涩味。茶海上放滤网可滤去倒茶时随之流出的茶渣。

4. 品茗器

①茶杯（品茗杯）：用于品啜茶汤。

②闻香杯：借以保留茶香用来嗅闻鉴别。

③杯托：承放茶杯的小托盘，可避免茶汤烫手，也起美观作用。

5. 涤洁器

①茶盘：用以盛放茶杯或其他茶具的盘子。

②茶船（茶池、茶洗、壶承）：盛放茶壶的器具，也用于盛接溢水及淋壶茶汤，是养壶的必须器具。

③渣方：用以盛装茶渣。

④水方（茶盂、水盂）：用于盛接弃置茶水。

⑤涤方：用于放置用过后待洗的杯、盘。

⑥茶巾：主要用于干壶，可将茶壶、茶海底部残留的杂水擦干；其次用于抹净桌面水滴。

⑦容则：摆放茶则、茶匙、茶夹等器具的容器。

6. 其他

①煮水器：种类繁多主要有炭炉（潮汕炉）配玉书碾、酒精炉配玻璃水壶、电热水壶、电磁炉等。选用要点为茶具配套和谐、煮

水无异味。

②壶垫：纺织品。用于隔开壶与茶船，避免因碰撞而发出响声影响气氛。

③盖置：用来放置茶壶盖、水壶盖的小盘（一般以茶托代替）。

④奉茶盘：奉茶用的托盘。

⑤茶拂：置茶后用于拂去茶荷中的残存茶末。

⑥温度计：用来学习判断水温。

⑦茶巾盘：用以放置茶巾、茶拂、温度计等。

⑧香炉：喝茶焚香可增添茶趣。

第三节
茶具类别

青花瓷心经品茗杯

我国茶具种类繁多，质地迥异，形式复杂，花色丰富，伴随着上千年茶艺的发展，茶具也经历了一个由简到繁、由粗到精，不断变化发展的过程。我国茶具最早以陶器为主。

陶制茶宠

类加工，都经历了许多变化。作为饮茶用的专用工具，它经历了怎样一个发展和变化的过程？现在将主要的茶具种类介绍如下：

一、陶土茶具

陶器中的佼佼者首推宜兴紫砂茶具，它早在北宋初期就已崛起，成为别树一帜的优秀茶具，明代大为流行。紫砂壶和一般的陶器不同，其里外都不敷釉，采用当地的紫泥、红泥、团山泥抟制焙烧而成。由于成陶火温高，烧结密致，胎质细腻，既不渗漏，又有肉眼看不见的气孔，经久使用，还能汲附茶汁，蕴蓄茶味，且传热不快，不致烫手，若热天盛茶，不易酸馊，即使冷热剧变，也不会破裂。如有需要，甚至还可直接放在炉灶上煨炖。紫砂茶具还具有造型简练大方，色调淳朴古雅

瓷器发明之后，陶质茶具就逐渐为瓷质茶具所代替。瓷器茶具又可分为白瓷茶具、青瓷茶具和黑瓷茶具等。

早先的茶具，仅需要满足盛装茶水以达到解渴的目的，因而茶具大都简朴粗陋。到后来，茶具不仅承载了使用的功能，还衍生出了审美的功能。因此，到了现在，我国的茶具，因为种类繁多，造型优美，既有实用价值，又富有艺术之美，而驰名中外，为历代饮茶爱好者所青睐。在中国饮茶发展史上，无论是饮茶习俗，还是茶

青花瓷公道杯

的特点，外形有似竹结、莲藕、松段和仿商周古铜器形状的。《桃溪客语》说"阳羡（即宜兴）瓷壶自明季始盛，上者与金玉等价"。可见其名贵。明文震亨《长物志》记载："壶以砂者为上，盖既不夺香，又无熟汤气"。陶土器具是新石器时代的重要发明。最初是粗糙的土陶，然后逐步演变为比较坚实的硬陶，再发展为表面敷釉的釉陶。宜兴古代制陶颇为发达，在商周时期，就出现了几何印纹硬陶。秦汉时期，已有釉陶的烧制。

二、瓷器茶具

　　我国茶具最早以陶器为主。瓷器发明之后，陶质茶具就逐渐为瓷器茶具所代替。瓷器茶具又可分为白瓷茶具、青瓷茶具和黑瓷茶具等。这些茶具在中国茶文化发展史上，都曾有过辉煌的一页。

　　（1）白瓷茶具：白瓷以景德镇的瓷器最为著名，其他如湖南醴陵、河北唐山、安徽祁门的茶具也各具特色。景德镇原名昌南镇，北宋景德三年（1004年）真宗赵恒下令在浮梁县昌南镇建办御窑，并把昌南镇改名为景德镇。到元代，景德镇的青花瓷闻名于世，并远销国外。

（2）青瓷茶具：青瓷茶具晋代开始发展，那时青瓷的主要产地在浙江，最流行的是一种"鸡头流子"的有嘴茶壶。宋朝时五大名窑之一的浙江龙泉哥窑达到了鼎盛时期，生产各类青瓷器，包括茶壶、茶碗、茶盏、茶杯、茶盘等，瓯江两岸盛况空前，群窑林立，烟火相望，运输船舶往返如梭，一派繁荣的景象。

（3）黑瓷茶具：宋代福建斗茶之风盛行，斗茶者根据经验认为建安所产黑瓷茶盏用来斗茶最为适宜，因而驰名。宋蔡襄《茶录》说："茶色白，宜黑盏，建安所造者绀黑，纹如兔毫，其坯微厚，之久热难冷，最为要用。出他处者，或薄或色紫，皆不及也。其青白盏，斗试家自不用"，这种黑瓷兔毫茶盏，风格独特，古朴雅致，而且瓷质厚重，保温性能较好，故为斗茶行家所珍爱。

（4）彩瓷茶具：彩色茶具的品种花色很多，其中尤以青花瓷茶具最引人注目。它的特点是花纹蓝白相映成趣，有赏心悦目之感，色彩淡雅清幽可人，有华而不艳之力。加之彩料之上涂釉，显得滋润明亮，更平添了青花茶具的魅力。直到元代中后期，青花瓷茶具才开始成批生产，特别是景德镇，成了我国青花瓷茶具的主要生产地。

彩瓷组合

（5）红瓷茶具：红瓷，从专业术语上讲，红瓷又称釉里红。红色是中华民族的颜色，可是这种加工工艺在历史的长河中几度失传，最后一次至今已有几百年。经过现代人的努力，不断改进加工工艺，终于纯正的大红釉在陶瓷上得以重现，并被意味深长的命名为"中国红"，这种红色鲜艳如五星红旗，故此又被称作"国旗红"。

青花瓷赏茶荷

三、漆器茶具

漆器茶具始于清代，主要产于福建福州一带。福州生产的漆器茶具多姿多彩，有"宝砂闪光""金丝玛瑙""釉变金丝""仿古瓷""雕填""高雕"和"嵌白银"等品种，特别是创造了红如宝石的"赤金砂"和"暗花"等新工艺以后，更加鲜丽夺目，逗人喜爱。漆器茶具较有名的有北京雕漆茶具、福州脱胎茶具、江西鄱阳等地生产的脱胎漆器等，均具有独特的艺术魅力。其中，尤为福建生产的漆器茶具多姿多彩，如有"宝砂闪光""金丝玛璃""仿古瓷""雕填"等均为脱胎漆茶具。它具有轻巧美观，色泽光亮，能耐温、耐酸的特点，这种茶器具更具有艺术品的功用。漆茶具的制作

青瓷茶具组合

精细复杂，一般有两种类别：一是脱胎，就是以泥土、石膏等材料做成坯胎模型，以大漆为黏剂，然后用夏布（苎麻布）或绸布在坯胎上逐层裱褙，待阴干后去除坯胎模型，留下漆布雏形，再经过上灰底、打磨、涂漆研磨，最后添加装饰纹样，便成了色泽明亮、绚丽多彩的脱胎漆器成品；二是木胎及其他材料胎，它们以硬度较高的材质为坯胎，不经过脱胎直接涂漆而成，其工序与脱胎基本相同。品十茶城茶具风格多样，设计独特，且有着江南独特的雅致与韵味。

四、玻璃茶具

在现代，玻璃器皿有较大的发展。玻璃茶具一般是用含石英的砂子、石灰石、纯碱等混合后，在高温下熔化、成形，再经冷却后制成。玻璃茶具有很多种，如水晶玻璃、无色玻璃、玉色玻璃、金星玻璃、乳浊玻璃茶具等。用玻璃可制成各种其他盛具，如酒具、碗、碟、杯、缸等，多为无色，也有用有色玻璃或套色玻璃的。玻璃质地透明，光泽夺目，外形可塑性大，形态各异，用途广泛。玻璃杯泡茶，茶汤的鲜艳色泽，茶叶的细嫩柔软，茶叶在整个冲泡过程中的上下穿动，叶片的逐渐舒展等，可以一览无余，可以说是一种动态的艺术欣赏。特别是冲泡各类名茶，茶具晶莹剔透，杯中轻雾缥缈，澄清碧绿，芽叶朵朵，亭亭玉立，观之赏心悦目，别有风趣，而且玻璃杯价廉物美，深受广大消费者的欢迎，玻璃器具的缺点是容易破碎，且比陶瓷烫手。

五、金属茶具

这是我国最古老的日用器具之一，用金、银、铜、锡等金属制作而成的茶具，尤其是锡作为贮茶器具材料有较大的优越性。早在公元前18世纪初至公元前221年秦始皇统一中国之前的1500多年间，青铜器就得到了广泛的应用，先人用青铜制作盘盛水，制作爵、尊盛酒，这些青铜器皿自然也可用来盛茶。自秦汉至六朝，茶叶作为饮料已渐成风尚，茶具也逐渐从与其他饮具共用中分离出来。大约到南北朝时，我国出现了包括饮茶器皿在内的金银器具。到隋唐时，金银器

钧窑茶具

红釉茶具

具的制作达到高峰。20世纪80年代中期，陕西扶风法门寺出土的一套由唐僖宗供奉的鎏金茶具，可谓是金属茶具中罕见的稀世珍宝。

但从宋代开始，古人对金属茶具褒贬不一。元代以后，特别是从明代开始，随着茶类的创新，饮茶方法的改变，以及陶瓷茶具的兴起，致使包括银质器具在内的金属茶具逐渐消失，尤其是用锡、铁、铅等金属制作的茶具，用它们来煮水泡茶，被认为会使"茶味走样"，以致很少有人使用。但

用金属制成贮茶器具，如锡瓶、锡罐等，却屡见不鲜。这是因为金属贮茶器具的密闭性要比纸、竹、木、瓷、陶等好，具有较好的防潮、避光性能，这样更有利于散茶的保藏。锡罐多制成小口长颈，盖为筒状，比较密封，因此对防潮、防氧化、防光照、防异味都有着较好的效果。唐代时皇宫饮用顾渚茶，金沙泉，便以银瓶盛水，直送长安，主要因其不易破碎，但因造价较昂贵，一般老百姓无法使用。

六、竹木茶具

　　隋唐以前，我国饮茶虽渐次推广开来，但属粗放饮茶。当时的饮茶器具，除陶瓷器外，民间多用竹木制作而成。陆羽在《茶经·四之器》中开列的28种茶具，多数是用竹木制作的。这种茶具来源广、制作方便、对茶无污染、对人体亦无害，因此，从古至今，一直受到茶人的欢迎。但缺点是不能长时间使用，无法长久保存，失去文物价值。

　　在历史上，广大农村，包括产茶区，很多使用竹或木碗泡茶，它价廉物美，经济实惠，但现代已很少使用。至于用木罐、竹罐装茶，则仍然随处可见，特别是作为艺术品的黄阳木罐和二簧竹片茶罐，既是一种馈赠亲友的珍品，也有一定的实用价值。中国历史上还有用玉石、水晶、玛瑙等材料制作的茶具，但总的来说，它们在茶具史上仅居很次要的地位。因为这些器具制作困难，价格高昂，并无多大实用价值，主要作为摆设，彰显富贵。

紫砂壶

第四节
茶具配置

茶具配置的原则是：实用、简单、洁净、优美。

强调茶具的实用性，是由其内在的科学性决定的。例如紫砂茶壶，壶口与壶嘴齐平、出水流畅如注、壶与盖接缝紧密等细节，是决定这把壶使用时是否得心应手的关键，至于造型沉稳典雅则在其后考虑。

简单，代表一种从容的心态。茶人习茶，不追求"一壶千金"，即使是一只普通玻璃杯，因为喜欢，就是好。

洁净，"茶具非菩提，处处染尘埃"，唯有勤加擦拭。不论使用与否，再忙碌的日子也可以抽出少许时间，略加清洁整理。如若茶艺馆陈列柜上蓬头垢面的茶具，光彩尽失。

茶具造型可谓是"不怕做不出，只怕想

陶制组合

不到"，因此对于美，较难简单定义。当你面对一件真正的艺术品时，呼吸会变得深长，双眼会感到湿润——这一刹那的感动便是缘起，即为美。

茶具有很多种，但大体上可以分为主茶具和辅助茶具。

一、主茶具

壶、船、盅、杯、托、碗等所构成的主茶具，一定要符合泡饮茶的功能要求，如果只有玲珑的造型，精美的图案和亮丽的色彩，而在其功能上有所欠缺，则只能作为摆设，失去了茶具的真正作用。不同茶具的功能要求尽管不同，但终究都以实用、便利为第一要旨。现分述如下：

1. 茶壶

茶壶是整个茶具中最重要的一员，一把茶壶是否适用，从茶壶的一般功能要求来说，取决于用之置茶、泡茶、分茶（倒茶）、清洗、置放等方面操作的便利程度及茶水有无滴漏。至于从欣赏角度谈壶形，则见仁见智，尚无定论。一般鉴赏一把茶壶，当从其神韵、形态、色泽、意趣、文心、适用等方面逐一考评。笔者认为，在实用便利的基础上，茶壶应以自然流畅、气定神闲者为佳，切忌矫揉造作、匠气十足。古人常以佳人比佳壶，推崇布衣荆钗，不掩天姿国色，是以一把佳壶不可多色多饰，须以浑然天成为最高追求境界。

2. 茶船

茶船除防止茶壶烫伤桌面、冲泡水溅到桌面外，有时还作为湿壶、淋壶时蓄水用，观看叶底用，盛放茶渣和涮壶水用，并可以增加美观。主要形状有：碗状、盘状和双层状。

3. 茶盅

又叫茶海，茶盅除具备均匀茶汤浓度功能外，最好还具有滤渣功能。将泡好的茶汤全部倒入，因为有均匀茶汤浓度的作用，又叫公道杯。盅与壶搭配使用，故最好选择与壶呼应的茶盅，有时虽可

茶具组合

茶席

用不同的造型与色彩，但须把握整体的协调感。若用壶代替盅，宜用一大一小、一高一低的两壶，以有主次之分。

4. 茶杯

茶杯的功能是盛放茶汤，用以品茗。要求持拿不烫手，啜饮又方便，有小茶杯和大茶杯之分。杯的造型丰富多样，有直口、敞口、收口、翻口等形状，其实用感觉亦不尽相同。

青花瓷茶具

茶杯大小的选择应与茶壶匹配，小壶配以容水量在20～50毫升的小杯，过小或过大都不适宜，杯深不应小于2.5厘米，以便持拿；大茶壶配以容量100～150毫升的大杯，兼有品饮与解渴的双重功能。杯的只数一般以双数配备杯子。一壶一杯，宜独坐品茗、感悟人生；一壶三杯，宜知己一两人煮茶夜谈；一壶五杯，宜亲友相聚、吃茶休闲；若人数再多，则宜用几套壶具或索性泡大桶茶，也其乐融融。

5. 杯托

杯托又称茶托，是承载茶杯

的器具，虽是小小一物，却也有一段佳话：唐建中年间，蜀相崔宁之女饮茶时怕茶杯烫着手指，遂命丫鬟以小碟托杯，碟心用蜡

青花瓷盖碗

捏成刚好嵌住杯底的小环，端拿时杯子不会晃动倾倒，又免于挨烫，后又请人依样做成漆器。崔宁见了，十分高兴，名之曰托，从此便流传开来，沿用至今。因此，杯托的要求必须是易取、稳妥和不与杯黏合。杯托的形状有高脚形、碗形、盘形、复托形。饮茶时，除盖碗常连托端起外，一般仅持杯啜饮。若杯底有水或杯底升温使托与杯底间空隙部减压，造成杯与托粘连，端杯时会将托带起，稍后即掉落，发出响声或打碎，故茶托不宜过于光滑。分茶时勿滴水入托。取杯时一手扶住托沿，一手拿取，也可避免失手。

6. 盖置

盖置的功用是保持壶盖的清洁，并防止盖上的水滴在桌上，所以盖置要有集水功能。支撑式盖置是筒状物，只能支撑住盖子的中心部位，因此盖子也要设计成有集水功能的，使盖上的水集到中心再滴到筒内蓄积，高度以略高于杯为宜，亦可用直筒杯代之；托垫式盖置可用各种盘子或用各式茶托。

7. 冲泡器

冲泡器是指杯盖连接处有一滤网与茶汤分离，中轴可上下提压活塞，可使茶汤调制均匀的器具。

茶室

8. 水注

一般是壶嘴细长、壶身较长的水壶。主要用于盛放冷水，注入点水气加热；或者盛放开水，温具时用来注水或者等水温稍降冲泡茶叶。

二、辅助茶具

辅助茶具也就是茶道的一些配件。饮茶时，除了必要的泡茶、盛茶用具外，还应该备有一些辅助用具，大概有以下几种：

①茶筒：盛放茶艺用品的器皿。

②茶匙：又称"茶扒"形状像汤匙所以称茶匙，其主要用途是用来取干茶，或者挖取泡过的茶壶内的茶叶，茶叶冲泡过后，往往会紧紧塞满茶壶，一般茶壶的口都不大，用手既不方便也不卫生，故皆使用茶匙。

③茶漏：茶漏于置茶时放在壶口上，以导茶入壶，防止茶叶掉落壶外。

④茶则：茶则（茶勺）为盛茶入壶之用具。

⑤茶夹：又称"茶铲"，茶夹功用与茶匙相同，可将茶渣从壶中挟出，也常有人拿它来挟着茶杯洗杯，防烫又卫生。

⑥茶针（茶通）：茶针的功用是疏通茶壶的内网（蜂巢），以保持水流畅通，当壶嘴被茶叶堵住时用来疏通，或放入茶叶后把茶叶拨匀，碎茶在底，整茶在上。

⑦茶巾：用来擦抹泡茶时溢溅的茶水。

⑧贮茶器：是贮存茶的容器。

除此之外，品茗时，如佐以茶点，那么盛茶点时用的茶食盘，擦手用的餐纸，取食用的茶叉等也是必不可少的。

工夫茶对茶具的要求极为讲究，它所要求配置的茶具也很有典型性。在这里，我们单独列出了工夫茶具的配置，供读者参考，也是对茶具配置的补充。

工夫茶最讲究的第一是茶具。它之所以和其他喝茶方法有别也在于茶具。据说陆羽所造茶器，凡二十四事。工夫茶艺的茶具配套有：

茶席设计

茶席

①煮水器具：莲珠壶或随手泡。

②备茶器具：茶叶罐、茶则（茶插）、茶漏、茶匙。

③泡茶器具：茶壶或茶盖碗。

④盛茶器具：茶海、茶杯。

⑤摆盛器具：茶盘、壶托、杯托。

⑥洁涤用具：茶巾、茶洗、茶盂、杯夹、茶签。

参照传统乌龙茶冲泡"四宝"配置，"孟臣罐"为紫砂壶，"若琛杯"是景德镇的白瓷杯。配置的茶具有茶盘、圆形茶盘、茶壶、茶船、品茗杯、杯托、煮水器、茶荷、茶匙筒、茶样罐、水盂、茶巾、泡茶巾等。潮州工夫茶所用的茶具最少也需要十种。

1. 茶壶

潮州土语叫作"冲罐"，也有叫作"苏罐"的，因为它出自江苏宜兴，是宜兴紫砂壶中最小的一种。选择茶壶，好坏标准有四字诀，曰："小、浅、齐、老"。

2. 茶杯

茶杯的选择也有个四字诀：小、浅、薄、白。

2.茶洗

形如大碗，深浅色样很多，烹工夫茶必备三个，一正二副，正洗用以浸茶杯，副洗一个用以浸冲罐，一个用以盛洗杯的水和已泡过的茶叶。

3.茶盘

茶盘是用来盛茶杯的，也有各种款式，圆月形、棋盘形等等。但不管什么式样，最重要也是四字诀：宽、平、浅、白。

4.茶垫

比茶盘小，是用来置冲罐的，也有各种式样，但总之要注意到"夏浅冬深"。

6.水瓶与水钵

作用一样，都是用以贮水烹茶。水瓶，修颈垂肩，平底，有提柄，素瓷青花者最好。也有一种束颈有嘴，饰以蟠龙，名叫蟠龙樽的也不错。（蟠龙，潮州土话叫作"钱龙"，潮州话是双声叠韵的，钱、蟠就是叠韵字，即是壁虎）。

艺术香插可与茶具配用

水钵，也是用来贮水以备烹茶的，大小相等于一个普通花盆，款式也很多。

7. 龙缸

大龙缸类似庭中栽种莲花之莲缸，或较小些。用以贮存大量的泉水。

8. 红泥小火炉

"绿蚁新焙酒，红泥小火炉。晚来天欲雪，能饮一杯无？"可见古人是用红泥小火炉温酒的，自然那是在北方。

9. 砂跳

"砂跳"，潮安枫溪做的最著名，俗称"茶锅"，是用砂泥制成的，很轻巧，水一开，小盖子会自动掀动，发出一阵阵的声响。这时的水冲茶刚刚合适。至于用钢锅，铝锅来煮水冲茶的，虽然也无不可，可是金属的东西，用以煮水冲茶毕竟要差一些，不算工夫了。

10. 羽扇与钢筷

羽扇是用以煽火的，煽火时既须用劲，又不可煽过炉门左右，这样才能保持一定火候，也是表示对客人的尊敬。所以，特制的羽扇不但有利于"工夫"的施展，而且一把用洁白鹅翎编成的扇，大不过掌，竹柄丝穗的精雅，衬托着红、绿、白各种颜色的茶具，加上金紫色的浓茶，自然别有风趣。钢筷则不但为了钳炭、挑火，而且可以使主人双手保持清洁。

第三章 Chapter.3

瓷器茶具

青瓷茶具，不论在工艺技术、造型技术还是视觉审美上，其艺术成就都将我国的陶瓷烧制技术推向了顶峰，并为中西文化交流添上了浓重的一笔，也给世人带来一种更健康、更有品位的茶境享受。

第一节
青瓷茶具

青瓷是中国传统瓷器的一种。在坯体上施以青釉（以铁为着色剂的青绿色釉），在还原焰中烧制而成。我国历代所称的缥瓷、千峰翠色、艾色、翠青、粉青等瓷，都是指这种瓷器。唐代越窑、宋代龙泉窑、官窑、汝窑、耀州窑等，都属于青瓷系统。青瓷以瓷质细腻，线条明快流畅，造型端庄浑朴，色泽纯洁而斑斓著称于世。唐代制瓷业已经成为独立的部门，唐代诗人陆龟蒙曾以"九秋风露越窑开，夺得千峰翠色来"的名句赞美青瓷。青瓷"青如玉，明如镜，声如磬"，被称为"瓷器之花"，珍奇名贵。

早在东汉年间，已开始生产色泽纯正、透明发光的青瓷。晋代浙江的越窑、婺窑、瓯窑已具相当规模。宋代时期作为当时五大名窑之一的浙江龙泉哥窑生产的青瓷茶具，已达到鼎盛时期，远销各地。明代时期青瓷茶具更以质地细腻，造型端庄，釉色青莹，纹样雅丽而蜚声中外。16世纪末，龙泉青瓷出口法国，轰动整个法兰西，人们用当时风靡欧洲的名剧《牧羊女》中的女主角雪拉同的美丽青袍与之相比，称龙泉青瓷为"雪拉同"，视为稀世珍品。

用瓷色反衬茶色，仿佛喝下的只是色泽，因而青瓷茶具从晋代就开始发展。那时青瓷的主要产地在浙江，最流行的是一种叫"鸡头流子"的有嘴茶壶。浙江西南部龙泉县境内，生产的龙泉青瓷以造型古朴挺健，釉色翠青如玉著称于世，是瓷器中的一颗灿烂明珠。南宋时，龙泉已成为全国最大的窑业中心，其优良产品不但成为当代珍品，也是当时对外交换的主要物品，特别是造瓷艺人章生一、章生二兄弟俩的"哥窑""弟窑"，继越窑有发展，

学官窑有创新，因而产量质量突飞猛进，无论釉色或造型都达到了极高造诣。因此，哥窑被列为五大名窑（官窑、哥窑、汝窑、定窑、钧窑）之一，弟窑亦被誉为名窑之巨擘。

六朝以后，许多青瓷茶具拥有莲花纹饰。唐代的茶壶又称"茶注"，壶嘴称"流子"，形式短小，取代了晋时的"鸡头流子"。相传唐时西川节度使崔宁的女儿发明了茶碗的碗托，她以蜡做成圈，以固定茶碗在盘中的位置。以后演变为瓷质茶托，这就是后来常见的茶托子，现代称为"茶船子"，其实早在《周礼》中就把盛放杯樽之类的碟子叫作"舟"，可见"舟船"之称远古已有。

宋代饮茶，盛行茶盏，使用盏托也更为普遍。茶盏又称茶盅，实际上是一种小型茶碗，它有利发挥和保持茶叶的香气滋味，这一点很符合科学道理。茶杯过大，不仅香味易散，且

汝窑盖碗

注入开水多，载热量大，容易烫熟茶叶，使茶汤失去鲜爽味。由于宋代瓷窑的竞争，技术的提高，使得茶具种类增加，出产的茶盏、茶壶、茶杯等品种繁多，式样各异，色彩雅丽，风格大不相同。浙江龙泉县哥窑生产的青瓷茶具，于16世纪首次远销欧洲市场，立即引起人们的极大兴趣。唐代顾况《茶赋》云："舒铁如金之鼎，越泥似玉之瓶"；皮日休《茶瓯》诗有"邢客与超人，皆能造瓷器，圆似月魂堕，轻如云魄起"

之说；韩偓《横塘诗》则云"越瓯犀液发茶香"。这些诗都赞扬了翠玉般的越窑青瓷茶具的优美。宋时，五大名窑之一的浙江龙泉哥窑达到鼎盛时期，生产各类青瓷器，包括茶壶、茶碗、茶盏、茶杯、茶盘等，瓯江两岸盛况空前，群窑林立，烟火相望，运输船舶往返如梭，一派繁荣景象。

宋代饮茶多用一种广口圈足的小型碗，也称盏，南北瓷窑几乎无不烧制，式样较前代有所增多。釉色有黑釉、酱釉、青釉、白釉和青白釉等，但黑釉盏最受偏爱，这与当时"斗茶"风尚有关。原因有二：宋时饮的饼、团苛，即把一种发酵的膏饼茶碾成细末，放在茶盏内，再注以初沸之水，茶汤表面便浮起一层白色的沫，这种白色的茶沫和黑色的茶盏色调分明，黑釉盏自然最为适宜"斗茶"，此其一。"斗茶"时要求茶盏在一定时间内保持较高的温度，黑釉盏胎体较厚，能长时间的保持茶汤的温度，故倍受斗茶者的推崇，此其二。

青瓷茶具主要产于浙江、四川等地。浙江龙泉青瓷，以造型古朴挺健，釉色翠青如玉著称于世，是瓷器百花园中的一枝奇葩，被人们誉为"瓷器之花"。龙泉青瓷产于浙江西南部龙泉县境内，是我国历史上瓷器重要产地之一。南宋时期，龙泉已成为了全国最大的窑业中心。其优良产品不但在民间广为流传，也是当时皇朝对外贸易交换的主要物品。特别是艺人章生一、章生二兄弟俩的"哥窑""弟窑"产品，无论釉色或造型，都达到了极高的造诣。因此，哥窑被列为"五大名窑"之一，弟窑被誉为"名窑之巨擘"。

哥窑瓷，以"胎薄质坚，釉层饱满，色泽静穆"著称，有粉青、翠青、灰青、蟹壳青等，其中以粉青最为名贵。釉面显现纹片，纹片形状多样，纹片大小相间的称"文武片"，有细眼似的叫"鱼子纹"，类似冰裂状的称"北极碎"，还有"蟹爪纹""鳝血纹""牛毛纹"等。这些别具风格的纹样图饰，是釉原料的收缩系数不同而产生的，给人以"碎纹"之美感。

弟窑瓷，以"造型优美，胎骨厚实，釉色青翠，光润纯洁"著称，有梅子青、粉青、豆青、蟹壳青等，其中以粉青、梅子青为最佳。滋润的粉青酷似美玉，晶莹的梅子青宛如翡翠。其釉色之美，至今世上无类。

早在东汉年间，已开始生产色泽纯正、透明发光的青瓷。晋代浙江的越窑、婺窑、瓯窑已具相当规模。宋代时期作为当时五大名窑之一的浙江龙泉哥窑生产的青瓷茶具，已达到鼎盛时期，哥窑瓷，胎薄质坚、釉层饱满、色泽静穆，有粉青、翠青、灰青、蟹壳青等颜色，以粉青最为名贵。弟窑瓷，造型优美，胎骨厚实，釉色青翠，光润纯洁，有梅子青、粉青、豆青、蟹壳青等颜色，以粉青、梅子青最佳。

青瓷茶具以浙江地区生产的质量最好。当代，浙江龙泉青瓷茶具又有新的发展，不断有新产品问世。这种茶具除具有瓷器茶具的众多优点外，还因色泽青翠，用来冲泡绿茶，更有益汤色之美。不过，用它来冲泡红茶、白茶、黄茶、黑茶，则易使茶汤失去本来面目，

似有不足之处。

浙江龙泉青瓷，以造型古朴幽雅、瓷质细腻、釉层丰厚、色调青莹如水，令人爱不释手，蜚声中外，是瓷器中的一颗灿烂明珠，被人们誉为"瓷器之花"。

龙泉是浙江省历史文化名城，位于浙江西南部，与江西、福建两省接壤，以出产青瓷著称。文物普查发现，这里烧制青瓷的古代窑址有五百多处，仅龙泉市境内就有三百六十多处，这个庞大的瓷窑体系史称龙泉窑。龙泉窑是中国陶瓷史上烧制年代最长，窑址分布最广，产品质量最高，生产规模和外销范围最大的青瓷名窑。龙泉青瓷于2009年9月30日正式入选非物质文化遗产保护名录。

龙泉青瓷以其釉色青如玉、明如镜、声如磬而被誉为瓷苑的一颗明珠，受到世界各

汝窑提梁壶组合

国青瓷爱好者喜爱。龙泉窑瓷在北宋时就开始对外输出至菲律宾、马来西亚、日本等国，南宋中期外销瓷进一步增加。元代随着贸易的发达，龙泉瓷作为主要产品之一，通过宁波、温州、丽水等港口大量销往印度、斯里兰卡、泰国、越南等数十个国家。明代龙泉青瓷传入欧洲，备受青睐，身价不菲。多年来世界各地陆续发现了许多古代龙泉青瓷，世界众多博物馆都收藏有龙泉青瓷，并被视为珍品，龙泉青瓷在世界各

地享有很高的声誉。

龙泉青瓷产品有两种：一种是白胎和朱砂胎青瓷，著称"弟窑"或"龙泉窑"，另一种是釉面开片的黑胎青瓷，称"哥窑"。"弟窑"青瓷釉层丰润，釉色青碧，光泽柔和，晶莹滋润，胜似翡翠。有梅子青、粉青、月白、豆青、淡蓝、灰黄等不同釉色。"哥窑"青瓷以瑰丽、古朴的纹片为装饰手段，如冰裂纹、蟹爪纹、牛毛纹、流水纹、鱼子纹、膳血纹、百圾碎等加之其釉层饱满，莹洁，素有"紫

口铁足"之称，与釉面纹片相映，更显古朴、典雅，堪称瓷中珍品。

龙泉青瓷中的系列茶具，每款似冰类玉，高雅大方。在制作工艺上采用科学配方，加入有机矿物质，使茶具不含铅、镉等有害物质，泡茶品之，则茶香浓郁，并有不霉变、不馊和保持茶叶色、香、味等特点，是非常精致高雅的绿色生态型茶具。特别是瓷艺人章生一、章生二兄弟俩的"哥窑""弟窑"，无论釉色或造型都达到了极高造诣。因此哥窑被列为五大名窑之一，弟窑亦被誉为名窑之巨擘。当代，浙江龙泉青瓷茶具又有新的发展，不断有新产品问世。这种茶具除具有瓷器茶具的众多优点外，因色泽青翠，用来冲泡绿茶，更有益汤色之美。不过，用它来冲泡红茶、白茶、黄茶、黑茶，则易使茶汤失去本来面目，似有不足之处。

买家购买青瓷需要关注的是器形，因为青瓷是在1200℃以上烧制而成，瓷胎的外形很难控制，常常会发生变形和裂胎，制品率是很低的，制品的器形也不可能特别很是规整或者千篇一律，初学者认为规整和千篇一律就是好青瓷的误区绝对要避免。龙生九子，各有不同，也正是青瓷烧制的技术性，唯一性和无意性，决定了青瓷的内在价值亦是其独特魅力所在。

青瓷茶具，不论在工艺技术、造型技术还是视觉审美上，其艺术成就都将我国的陶瓷烧制技术推向了顶峰，并为中西文化交流添上了浓重的一笔，也给世人带来一种更健康、更有品位的茶境享受。

第二节
白瓷茶具

　　白瓷是以含铁量低的瓷坯，施以纯净的透明釉烧制而成。白瓷以色白如玉而得名，早在唐代就有"假玉器"之称。白瓷茶具具有坯质致密透明，上釉、成陶火候高，无吸水性，音清而韵长等特点。因色泽洁白，能反映出茶汤色泽，传热、保温性能适中，加之色彩缤纷，造型各异，堪称饮茶器皿中之珍品。

　　成熟的白瓷到隋代才普及，宋代定窑白瓷被大量制作使用。白瓷的釉色主要分为：白釉，是瓷器的本色釉；甜白釉，因温润如玉的白釉给人"甜"的感觉故名；青白釉，又叫影青、映青、隐青、罩青，因暗雕花纹边上现一点淡青色，其余几乎都是白色故称；象牙白，即明代德化窑的白釉，欧洲人称之为"鹅绒白""中国白"。白瓷茶具产地甚多，德化白瓷、定窑白瓷、邢窑白瓷、辽白瓷都曾名重一时。江西景德镇"白如玉、薄如纸，明如镜，声如磬"的白瓷是最为著名，其次如湖南醴陵、河北唐山、安徽祁门的白瓷茶具等也各具特色。今天市面上流行的白瓷茶具，在继承传统工艺的基础上，又开发创制出许多新品种，无论是茶壶还是茶杯、茶盘，从造型到图饰，都体现出浓郁的民族风格和现代东方气派。景瓷是当今最为普及的茶具之一。湖南醴陵瓷器的特点是瓷质洁白，色泽古雅，音似金玉，其画面犹如穿上一层透亮的玻璃纱，洁白如玉，晶莹润泽，层次分明，立体感强。

唐代饮茶之风盛行，促进了茶具生产的相应发展，全国许多地方的瓷业都很兴旺，形成了一批以生产茶具为主的著名窑场。河北邢窑生产的白瓷器具已"天下无贵贱通用之"。陆羽《茶经》曾经推崇唐代邢窑的白瓷为上品，胎釉像雪和

青花瓷盖碗

银子一样洁白。唐朝待人白居易还作诗盛赞四川大邑生产的白瓷茶碗。

北宋时，景德窑生产的白瓷，质薄光润，白里泛青，雅致悦目，并有影青刻花、印花和褐色点彩装饰。当时评价为"浮梁巧烧瓷，颜色比琼瑶"。公元 1004 年，北宋真宗赵恒下旨，在江西浮梁县昌南镇办御窑，并把昌南镇改名为景德镇。这时，景德镇生产的瓷器已有多彩施釉和各种彩绘。到了元代，江西景德镇白瓷茶具远销国外，在日本，名为"珠光青瓷"。景德镇真正成为"天下窑器所聚"的瓷业中心始于明代，其彩瓷产品造型小巧、胎质细腻、彩色鲜丽、画意生动。嘉靖、万历年间曾被视同拱璧。清雍正时，珐琅彩瓷茶具胎质洁白，通体透明，薄如蛋壳，几乎达到了纯乎见釉，不见胎骨的尽善尽美的艺术境界。这种瓷器对着光可以从背面看到胎面上的彩绘纹图，有如"透轻云望明月""隔淡雾看青山"之誉。制作之巧，令人惊叹。

如今，白瓷茶具更是面目一新。这种白釉茶具，适合冲泡各类茶叶。加之白瓷茶具造型精巧，装饰典雅，其外壁多绘有山川河流，四季花草，飞禽走兽，人物故事，或缀以名人书法，又颇具艺术欣赏价值，所以使用最为普遍。例如茶思曲莹白瓷茶具，茶具造型雅致，线条流畅，莹白瓷瓷质细腻、莹润，釉面光泽、平滑，经 1350 ℃高温烧制而成，更加健康。茶思曲莹白瓷茶具，由国家级工艺美术大师徐文奎设计，一壶四杯的茶具以简单的线条将茶艺空灵之美展现在人们的面前。

第三节
黑瓷茶具

黑瓷茶具，始于晚唐，鼎盛于宋，延续于元，衰微于明、清。这是因为自宋代开始，饮茶方法已由唐时煎茶法逐渐改变为点茶法，而宋代流行的斗茶，又为黑瓷茶具的崛起创造了条件。宋人衡量斗茶的效果，一看茶面汤花色泽和均匀度，以"鲜白"为先；二看汤花与茶盏相接处水痕的有无和出现的迟早，以"盏无水痕"为上。

宋代，时任三司使给事中的蔡襄，在他的《茶录》中就说得很明白："视其面色鲜白，著盏无水痕为绝佳；建安斗试，以水痕先者为负，耐久者为胜。"而黑瓷茶具，正如宋代祝穆在《方舆胜览》中说的"茶色白，入黑盏，其痕易验"。所以，宋代的黑瓷茶盏，成了瓷器茶具中的最大品种。福建建窑、江西吉州窑、山西榆次窑等，都大量生产黑瓷茶具，成为黑瓷茶具的主要产地。黑瓷茶具的窑场中，建窑生产的“建盏”最为人称道。

蔡襄在《茶录》中这样说“茶色白(茶汤色)，宜黑盏，建安(今福建)所造者绀黑，纹如兔毫，其坯微厚，熁之久热难冷，最为要用。出他处者，或薄或色紫，皆不及也。其青白盏，斗试家自不用。”建盏配方独特，在烧制过程中使釉面呈现兔毫条纹、鹧鸪斑点、日曜斑点，一旦茶汤入盏，能放射出五彩纷呈的点点光辉，增加了斗茶的情趣。明代开始，由于“烹点”之法与宋代不同，黑瓷建盏“似不宜用”，仅作为“以备一种”而已。

黑瓷茶具是有黑色高温釉的瓷器。黑瓷茶具产于浙江、四川、福建等地。在宋代斗茶之风盛行，斗茶者们根据经验，认为建安窑所产的黑瓷茶盏用来斗茶最为适宜因而驰名。据北宋蔡襄《茶录》记载：“茶色白，宜黑盏，建安(今福建)所造者绐黑，纹如兔毫，其坯微厚，之(致)久热难冷，最为要用。出他处者，或薄或色紫，皆不及也。其青白盏，斗试家自不用。”四川的广元窑烧制的黑瓷茶盏，其造型、瓷质、釉色和兔毫纹与建瓷也不相下，几可乱真。浙江余姚、德清一带也生产过漆黑光亮、美观实用的黑釉瓷茶具，其中最流行的是一种鸡头壶，即茶壶的嘴呈鸡头状，日本东京国立博物馆至今还珍藏着一件“天鸡壶”，视作珍宝。黑瓷因釉中含铁铜较高，烧窑保温时间长，又在还原焰中烧成，釉中析出大量氧化铁结晶，成品显示出流光溢彩的特殊花纹。每一件细细看去皆自成一派，是不可多得的珍贵茶器。下面介绍一下黑瓷中的精品——兔毫盏。

提起兔毫盏，可能大多数人一头雾水，不知其为何物。然而，对于稍通中国茶文化以

黑釉茶具

及陶瓷史的人来说，此物可是如雷贯耳，只恨无缘一见。

兔毫盏是宋代常见的一种黑瓷茶具。其状如倒扣的竹斗笠，敞口小圆底，小者如小碗，大者不超过中碗，风格厚重粗朴。因产于古建州（今福建建瓯、建阳、武夷山一带），故又称"建盏"。

据有关文献的记载，建州的黑瓷生产，始于唐代，鼎盛于宋代。起初是生产瓶、罐、碗、灯盏等日常用品。后来则以生产茶具为主。建盏之所以

又称兔毫盏，是因为建州的黑瓷茶具中，有一部分并非纯黑，而是黑釉面里夹杂着均匀的银色或者黄色丝缕，状如秋天的兔毫。这也是建州黑瓷的最大特征。除了兔毫外，还有油滴斑、鹧鸪纹、曜变圈等不同夹杂。其中的曜变圈，最为罕见。可谓兔毫盏中的绝品。

兔毫盏的兴起，与宋代茶文化的发展有直接关系。宋代皇帝好茶，因此带动了贵族士大夫的好茶风气。由此扩展到社会各阶层，使品茶、斗茶成

为一种流行时尚。当时的茶叶，是一种用极嫩茶芽压制而成的小饼茶，外面以印着龙凤花纹的细薄绵纸包装，再涂上一层蜂蜡。故又称为龙凤团茶。这种茶不仅生产制作过程极其烦琐，饮用方法也极其复杂。需先将茶饼捣碎，放在小碾子里碾成粉末，再用极细的丝箩筛过。将筛好的细茶叶粉挑进茶盏，先倒入少许沸水，调制成膏状，然后才能冲泡。冲泡时还需一边慢慢注水，一边用特制的细棒均匀搅拌成茶汤。饮用时连汤带茶，一点不漏。

因为这种茶汤，经过注水搅拌，会浮有一层极细腻的白色泡沫（另一说是茶汤本身色白）。因为品评茶的好坏，第一标准就是看白的程度："青白最上，黄白最次"。为了能够更好地分辨茶色，黑瓷就成了最佳选择。因为只有在黑色容器中，白色茶汤的对比才鲜明。

除此以外，兔毫盏因为内胎较一般陶瓷为厚，又有砂眼透气，十分有利于保温；而敞口小圆底的形状，既方便搅拌，又便于观察。总之，兔毫盏的这些特点，成为当时的最佳茶具。使得原为民窑的建窑，成了专门生产"御供"或者出口日本的半官窑。

然而，兔毫盏的真正魅力，还在于它的独特釉斑。尤其是曜变。一般人无缘见识完整的国宝级兔毫盏，或只见过其若干碎片。将它置于阳光下，那些曜变圈立刻闪烁起来，随着阳光强弱与观察角度的变化，它的光彩也在不断变化，五颜六色，犹如钻石般的绚丽，绝对是美不胜收！

即便是一般的兔毫盏，在阳光下注满清水，凝神静观，那一根根的兔毫，仿佛顿时活了起来，小小的盏中，变幻出森林、云海、大洋，甚至还有万马奔腾，千船竞流。这种景象与变化，是任何一种陶瓷都无法与之相比的。这或许就是兔毫盏形制虽然粗朴，却能成为王公贵族士大夫的珍宠，从而登上宫廷大雅之堂的根本原因。

兔毫盏的特殊釉斑，宋代时尚无法人为制作，纯粹自然生成，因此一窑数万件黑瓷中也许就只有一两件窑变珍品。当时就稀少，如今存世更是屈指可数，成了国宝级文物。

近年来，闽北一些有志之人经过反复试验，已经探究出了兔毫盏包括曜变在内的秘密，用小窑烧制出了足可以假乱真的精品兔毫盏。建阳市博物馆馆长谢道华先生即是其中的一位佼佼者。

今天，兔毫盏作为茶具来说，几乎已经失去了它的实用功能。然而作为历史上曾经辉煌一时的茶具，作为独具一格的古代瓷器，它的审美艺术价值犹在。

第四节
彩瓷茶具

彩瓷茶具是使用彩绘瓷器制作而成的茶具，花色很多，品种丰富多样，其中以青花瓷茶具最为著名，色彩淡丽优雅，瓷胎华而不艳。

彩色茶具的品种花色很多，其中尤以青花瓷茶具最引人注目。它的特点是花纹蓝白相映成趣，有赏心悦目之感；色彩淡雅清幽可人，有华而不艳之力。加之彩料之上涂釉，显得滋润明亮，更平添了青花茶具的魅力。直到元代中后期，青花瓷茶具才开始成批生产，特别是景德镇，成了我国青花瓷茶具的主要生产地。由于青花瓷茶具绘画工艺水平高，特别是将中国传统绘画技法运用在瓷器上，因此这也可以说是元代绘画的一大成就。明代，景德镇生产的青花瓷茶具，诸如茶壶、茶盅、茶盏，花色品种越来越多，质量愈来愈精，无论是器形、造型、纹饰等都冠绝全国，成为其他生产青花茶具窑场模仿的对象。清代，特别是康熙、雍正、乾隆时期，青花瓷茶具在古陶瓷发展史上，又进入了一个历史高峰，它超越前朝，影响后代。康熙年间烧制的青花瓷器具，更是史称"清代之最"。综观明清时期，由于制瓷技术提高，社会经济发展，对外出口扩大，以及饮茶方法改变，都促使青花茶具获得了迅猛的发展，当时除景德镇生产青花茶具外，较有影响的还有江西的吉安、乐平，广东的潮州、揭阳、博罗，云南的玉溪，四川的会理，福建的德化、安溪等地。此外，全国还有许多地方生产"土青花"茶具，在一定区域内，供民间饮茶使用。

青花瓷又称白地青花瓷器，它是用含氧化钴的钴矿为原料，在陶瓷坯体上描绘纹饰，再罩上一层透明釉，经高温还原焰一次烧成。钴料烧成后呈蓝色，具有着色力强、发色鲜艳、烧成率高、呈色稳定的特点。目前发现最早的青花瓷标本是唐代的，成熟的青花瓷器出现在元代，明代青花成为瓷器的主流，清康熙时发展到了顶峰。明清时期，还创烧了青花五彩、孔雀绿釉青花、豆青釉青花、青花红彩、黄地青花、哥釉青花等品种。青花瓷是一种运用天然钴料为色料，在瓷胎上用笔描绘纹饰，再聚透明釉，最后在 1300℃ 左右的高温中一次烧成的釉下彩瓷器。釉下钴料在高温烧成后呈现出蓝色，习惯上称为"青花"。青花瓷图案清晰艳丽、明快素雅，深受人们的喜爱。青花瓷最早出现于唐代巩县窑，元代景德镇的青花瓷烧制技术日渐成熟，并经明清两代渐成中国瓷器生产的主流，景德镇也因此成为"中国瓷都"。

青花瓷经历了元、明、清三朝的历练，形成了独特的艺术面貌，无论是御窑青花的富丽堂皇，还是民窑青花的清雅碧玉，都有自己

粉彩盖碗

的艺术特色，创造了无与伦比的艺术成就，同时也确立了传统青花艺术的基调，在雅致清丽之中渗透文人气息，端庄典雅之余蕴含幽古之韵味。关于青花茶具，从历史上来看，直到元代中后期，青花瓷茶具才开始成批生产，特别是景德镇，成了中国青花瓷茶具的主要生产地。由于青花瓷茶具绘画工艺水平高，特别是将中国传统绘画技法运用在瓷器上，因此这也可以说是元代绘画的一大成就。元代以后除景德镇生产青花茶具外，云南的玉溪、建水，浙江的江山等地也有少量青花瓷茶具生产，但无论是釉色、胎质，还是纹饰、画技，都不能与同时期景德镇生产的青花瓷茶具相比。

现代景德镇青花瓷器从总体上看，釉质白里泛青，青料发色青翠，造型美观大方，装饰有古朴典雅的艺术效果。在众多的青花品种中，人民瓷厂生产的"青花梧桐餐具"是青花瓷中的代表产品。它由数十件乃至一百几十件大小不同、器型各异的瓷器配套组成，器型轻巧大方，轮廓秀丽匀称，线条工整细腻，色彩和谐诱人。

从这点来看，景德镇生产的青花茶具，诸如茶壶、茶盅、茶盏，花色品种越来越多，质量愈来愈精，无论是器形、造型、纹饰等都冠绝全国，成为其他生产青花茶具窑场模仿的对象。清代，特别是康熙、雍正、乾隆时期，青花茶具在古陶瓷发展史上，又进入了一个历史高峰，它超越前朝，影响后代。康熙年间烧制的青花瓷器具，更是史称"清代之最"。青花瓷茶具作为彩瓷茶具中的佼佼者，成了瓷器中的"小家碧玉"，也成了瓷器茶具的代表。到了今天，青花瓷在"中国风"的传承中起到巨大的作用。

第五节
红瓷茶具

明代永宣年间出现的祭红瓷，娇而不艳，红中透紫，色泽深沉而安定。古代皇室用这种红釉瓷做祭器，因而得名祭红。因烧制难度极大，成品率很低，所以身价特高。古人在制作祭红瓷时，真可谓不惜工本，用料如珊瑚、玛瑙、寒水石、珠子、烧料直至黄金，可是烧成率仍然很低，原来"祭红"的烧成仍是一门"火的艺术"，也就是说即使有了好的配方如果烧成条件不行，也常有满窑器皆成废品之例，故有"千窑难得一宝，十窑九不成"的说法。

红瓷历来就是古代皇室和国内外收藏家求的珍品，千百年来历朝创烧的红釉瓷器中，唯独没有象征吉祥喜庆最为中国人喜爱的大红色瓷。而今借鉴历代红釉瓷烧制经验，运用现代科技手段，进行配方创新，使用比黄金还贵重的稀有金属"钽"，历经数年终于在高温下能批量烧制出与国徽、国旗一致的，极为纯正的正红高温红釉瓷。从而结束了中国瓷器无纯正大红色的历史。从此，昔日只有皇室专享的彰显富贵尊崇的红釉珍品，如今成为走出国门的国瓷珍品，

景德镇曾经流传着"陶女浴火炼红瓷"这样一个故事，相传为了烧制出一种红色瓶子，当时的皇帝下令让一名工匠去完成，在最后的期限即将来临时，工匠依然是愁眉紧锁，他的女儿看到此种情景，在父亲又一次的烧制过程中，她不惜跳进熊熊火海，让无情的火焰吞蚀着自己青春的躯体和热血，而由此烧制出的祭红瓷便成为我国古代最负盛名的红瓷。它色彩凝重，高贵庄严，宛如夏日暴雨过后初晴时天空的一抹红霞。遗憾的是，祭红瓷烧制技术此后失传。

红瓷茶具

中国红烧制难度很高，工艺复杂，通常是四次进炉：一是素烧；二是釉烧；三是红烧；四是金烧。每一环节均不可出现偏差。通常情况下，中国红瓷器在烧制多件中才能出一件成品，大型成品的合格率更低，所谓"十窑九不成"。近乎苛刻的制造工艺与极低的成品率，彰显中国红瓷稀缺性与珍贵性。

红瓷的形成很难。铜红在 800℃会分解，中国红在1450℃的高温下成瓷，更是难中之难。

中国红瓷由于其材料珍贵，工艺难度大，陶瓷质量好等特点，少有成品，故而"十窑九不成"。由于烧制的成功率非常低，用材贵、工艺精，还吸收了雕刻、描金、彩绘、金镶玉等传统技法，更因为其胎薄如纸，其声如玉，在造型上更是秀外慧中，融合中国红色的传统内涵。故一直以来，一件好的中国红瓷往往是价值连城，远高于举世闻名的青花瓷，备受广大中国红瓷爱好者的喜爱和收藏。

今天，中国红瓷将红瓷技艺运用到日常生活器具中，使古代只能皇家享用的红瓷进入到我们现代人的生活中。而且红色是中国传统文化中喜庆的颜色，将这种喜庆感表达得淋漓尽致的红瓷茶具系列一直为人们所钟爱。特别的节日期间，一组充满喜庆的红瓷茶具可将节日礼品的喜庆气氛完美的烘托出来，是适合结婚送礼，生日礼物的首选。

中国红瓷茶具，优品色泽如玉，中国红瓷制作者对烧制工艺往往达到"苛刻"的地步，玉如凝脂。中国红瓷，代表了中国独有的陶瓷文化，因此经常被用于高规格的商务礼品赠送。胡锦涛主席与普京总统会晤中，向普京总统赠送了红瓷茶具；袁隆平院士80岁生日时，为答谢各界人士，以红瓷碗作为回礼答谢；2007年8月9日，在姚明和叶莉大婚时，男篮为姚明订制了"九龙方圆"中国红瓷，成为篮管中心送给姚明的神秘结婚礼物……由此可见，中国红瓷是高档商务礼品的首选。

第四章 紫砂茶具 Chapter.4

　　紫砂茶具起始于宋，盛于明清，流传至今。在明代中叶以后，逐渐形成了集造型、诗词、书法、绘画、篆刻、雕塑于一体的紫砂艺术。北宋梅尧臣《依韵和杜相公谢蔡君谟寄茶》诗中道："小石冷泉留早味，紫泥新品泛春华。"欧阳修也有"喜共紫瓯吟且酌，羡君潇洒有余情"的诗句，说明紫砂茶具在北宋刚开始兴起。

第一节

紫砂茶具的特色

　　紫砂茶具起始于宋，盛于明清，流传至今。在明代中叶以后，逐渐形成了集造型、诗词、书法、绘画、篆刻、雕塑于一体的紫砂艺术。北宋梅尧臣《依韵和杜相公谢蔡君谟寄茶》诗中道："小石冷泉留早味，紫泥新品泛春华。"欧阳修也有"喜共紫瓯吟且酌，羡君潇洒有余情"的诗句，说明紫砂茶具在北宋刚开始兴起。1976 年，宜兴鼎蜀镇羊角山发掘出一处宋代龙窑窑址，出土了许多紫砂陶残器，考古发掘的实物和文献记载互相印证。至于紫砂茶具由何人所创，已无从考证。

　　紫砂茶具创造于明代正德年间，根据明人周高起《阳羡茗壶录》的"创始"篇记载，紫砂壶首创者，相传是明代宜兴金沙寺一个不知名的寺僧，他选紫砂细泥捏成圆形坯胎，加上嘴、

紫砂茶宠

柄、盖，放在窑中烧成。"正始篇"又记载，明代嘉靖、万历年间，出现了一位卓越的紫砂工艺大师——龚春（供春）。龚春幼年曾为进士吴颐山的书童，他天资聪慧，虚心好学，随主人陪读于宜兴金沙寺，闲时常帮寺里老和尚抟坯制壶。传说寺院里有株银杏参天，盘根错节，树瘿多姿。他朝夕观赏，乃模拟树瘿，捏制树瘿壶，造型独特，生动异常。老和尚见了拍案叫绝，便把平生制壶技艺倾囊相授，使他最终成为著名制壶大师。供春在实践中逐渐改变了前人单纯用手捏制的方法，改为木板旋泥并配合着竹刀使用，烧造的砂壶造型新颖、雅致、质地较薄而且又坚硬。供春在当时就名声显赫，人称"供春之壶，胜如金玉"。有一把失盖的树瘿壶，造型精巧，现存北京历史博物馆，是供春唯一传世的传品，但也有人疑为赝品。这位民间紫砂艺人最早地把紫砂器推进到一个新境界，供春壶成为紫砂壶的一个象征，其作品也被后世所仿造。

当今紫砂茶具风靡中外，其观赏及收藏价值极具文化特性，但还是有很多朋友不了解紫砂茶具的特点，不明白为什么要用紫砂茶具来泡茶。本节将为大家详细介绍紫砂茶具的特点。

明人周高起在《阳羡茗壶系》说："近百年中，壶黜银锡及闽豫瓷，而尚宜兴陶。"为何独钟宜兴紫砂壶？周高起又说："陶曷取诸？取诸其制，以本山上砂，能发真茶之色香味。"原来宜兴紫砂壶泡茶之佳，在于能尽得茶之色香味。李渔《闲情偶记》也说："茗注莫妙于砂，壶之精者，又莫过于阳羡。"文震亨《长物志》也说："茶壶以砂者为上，盖既不夺香，又无熟汤气。"明清一些文人士大夫对宜兴紫砂壶泡茶优点的认识一致。

在人们茶文化的饮茶艺术中，宜兴的紫砂茶具表现出了它独占鳌头的优势。紫砂茶具的特点主要表现为以下几点。

一、独特的材质

宜兴紫砂是以紫泥、红泥、绿泥等天然泥料雕塑成型后，经过1200℃高温烧成的一种陶器。紫砂土是一种颗粒较粗的陶土，含铁、硅量较高。它的原料呈沙性，这类原料的沙性特征主要表现在两个方面：第一，虽然硬度较高，但不会瓷化。第二，从胎子的微观方面观察它有两层孔隙，即内部呈团形颗粒，外层是鳞片状颗粒，两层颗粒可以形成不同的气孔而且密度很高。从紫砂原料的颜色上区分主要有三种：一种是紫红色和浅紫色，称作"紫砂泥"，用肉眼可以看到闪亮的云母微粒，烧成后成为紫黑色或紫棕色；一种颜色为灰白色或灰绿色，称为"绿泥"，烧成后呈浅灰色或浅黄色；还有一种是棕红色，烧成后呈灰黑色称为"红泥"。在这三种颜色的原料之中数紫砂泥最多，而绿泥、红泥较少。宜兴紫砂壶之所以能受到茶人们的喜爱，除一方面是由于紫砂壶的优美的造型，多样的风格，独树一帜的艺术风格，另一方面也由于其特殊的材质，使宜兴紫砂壶在泡茶时有许多优点。

（1）紫砂是一种双重气孔结构的多孔性材质，气孔微细，密度高。用紫砂壶泡茶，不易失原味，且香不涣散，得茶之真香真味。《长物志》说它"既不夺香，又无熟烫气"。

（2）紫砂壶透气性能好，用其泡茶不易变味，暑天过夜的话不易酸馊。久置不用，也不会有宿杂气，只要用时先贮满沸水，立刻倾出，再浸入冷水中冲洗，元气即可恢复，泡茶仍可得原味。

（3）紫砂壶能吸收茶汁，壶内壁即使不刷，沏茶也绝无异味。紫砂壶经久使用，壶壁积聚"茶锈"，以致空壶注入沸水，也会茶香氤氲，这与紫砂壶胎质具有一定的气孔率有关，是紫砂壶独具的品质。

（4）紫砂壶具有冷热急变的性能，寒冬腊月，壶内注入沸水，绝对不会因温度突变而胀裂。同时砂质传热缓慢，泡茶后握持不会炙手。而且还可以置于文火上烹烧加温，不会因受火而裂。

（5）紫砂茶具使用越久，器具自身色泽越发光亮照人，气韵温雅。紫砂器具长久使用，器身会因抚摸擦拭，变得越发光润可爱，所以闻龙在《茶笺》中说："摩掌宝爱，不啻掌珠。

用之既久，外类紫玉，内如碧云。"《阳羡茗壶系》说："壶经久用，涤拭口加，自发黯然之光，人可见鉴。"

宜兴紫砂泥所具备的这些天然的良好性能在制陶业中也是罕见的，唯宜兴所独有。紫砂茶具的最大特色也莫过于它的独特材质。

二、独特的成型工艺

现有紫砂茶壶，有5种方法成型，即全手工成型，手工与部分模具（包括注浆、挡坯、印坯）相结合成型，全部石膏模成型，注浆成型，辘轳车拉坯、车刀车坯成型。就这5种成型方法而言，虽不能完全以全手工与否来断定茶壶水平的高低，但用全手工技艺制作茶壶的人越来越少，所以全手工壶属高档作品。

宜兴紫砂壶的造型千变万化，其造型采用全手工的拍打镶接技法制作的，这种成型工艺与世界各地陶器成型方法都不相同。这是宜兴历代艺人根据紫砂泥料特殊分子结构和各式产品造型要求所创造的。清末时期有用模制或轳辘成型的工艺。不论腰圆、四方、六面、侧角、高矮曲直都可以随意制作。同时还为造型的平面变化提供条件，这就形成了紫砂结构严谨、口盖紧密、线条清晰等工艺特点。壶盖的制作最能显示出其工艺技术水平。圆形壶盖能通转而不滞，准合无间隙摇晃，倒茶也没有落帽之忧。六方壶盖，无论从任何角度盖上，均能吻合得天衣无缝。所有这些独特的高难度的成型技法，是其他陶瓷产品无法比拟的。

三、独特的宜兴紫砂文化

宜兴紫砂文化概括起来说，就是中国悠久的陶文化与成熟于唐代的茶文化相互融合。其主要表现在造型、泥色、铭款、书法、绘画、雕塑和篆刻等诸多方面。紫砂高手善于以壶为主体，融合诸艺术于一体，在形式内容方面和谐、神形兼备。宜兴紫砂艺术方面最大的特点是素质、素形、素色、素饰，不上彩、不施釉、质朴无华。其素面素心的特有品格，常使人对它情有独钟，古今有多少诗人、画家对它的喜爱达到痴迷的地步。可见其影响力之大。

现在紫砂学界有一些学者提出一个新颖的观点，即把紫砂茗壶进行划分归属。第一类是具有传统的文人审美风格的作品，讲究内在文化底蕴，追求"文心"，提倡素面素心的清雅风貌，在壶体上镌刻题铭，切壶、切茶、切景诗出为三绝称之为"文人壶"。第二类是有富丽鲜亮、明艳精巧的市民趣味作品。在砂壶上用红、黄、蓝、黑等泥料绘制山水人物，草木虫鱼做纹饰，或镶铜包银，此类称"民间壶"。第三类作品是将砂壶进行抛光处理，镶以金口金边，造型风格赢取西亚及欧洲人的审美趣味，有明显的外销风格，称"外销壶"。第四类是不惜工本精雕细琢，讲究豪华典雅的宫廷御用紫砂茗壶称"宫廷壶"，此类器物则代表了当时紫砂制陶的最高成就。

另外，宜兴紫砂还有一个独特的现象。自明朝迄今，有诸多文人参与设计、书法、题诗、绘画、刻章，与陶艺师共同完成每件作品。题诗镌刻的内容已经完全提升到文学性的高度，以壶寄情，曾一度发展到"字依壶传""壶随字贵"的境地。其中较著名的有陈继儒、董其昌、郑板桥、陈曼生、任伯年，吴昌硕、黄宾虹、唐云、冯其庸、亚明等等，这对宜兴紫砂文化内涵的扩展和深化起到了极其重要的推动作用。这一现象是其他工艺领域中所罕见的。其中影响较深远的则首推陈曼生。

陈曼生，字子恭，号曼生，名鸿寿，浙江钱塘人(1777-1822 年)"西泠八家"之一。陈鸿寿善画山水，讲究简淡意远，疏朗明秀效果，诗词文赋造诣精深，他一生酷爱壶艺，是一位杰出的陶艺设计家，曾设计壶样十八式，多与杨彭年兄弟、邵二泉等人合作，他所设计的壶多受文人雅士的喜欢，称"曼生壶"。他的壶型多为几何体，质朴简练、大方，为前代所没有，开创了紫砂壶样一代新风。曼生壶铭极富文字意趣，格调清新、生动，耐人寻味。陈曼生开创了书刻装饰于壶上，自此中国传统文化"诗书画"三位一体的风格内涵至陈曼生时期才完美地与紫砂融为一体，使宜兴紫砂文化达到了一个新的高度。

《阳羡茗壶系》说："壶供真茶，正在新泉活火，旋瀹旋啜，以尽色香味之蕴。故壶宜小不宜大，宜浅不宜深，壶盖宜盎不宜砥，汤力香茗，俾

得团结氤氲。"冯可宾在《岕茶笺》中也说："茶壶以小为贵，每一客，壶一把，任其自斟自饮，方为得趣。何也？壶小则香不涣散，味不耽搁。况茶中香味，不先不后，太早则未足，太迟则已过，似见得恰好，一泻而尽。"宜兴紫砂壶自明代中叶勃兴之后，经过不断的改进，最终成为雅俗共赏，饮茶品茗的最佳茶具。

关于紫砂茶具的特点，就为大家介绍到这里，希望这样的描述能够给大家了解紫砂茶具有所帮助。另外，一件姣好的紫砂茶具，必须具有三美，即造型美、制作美和功能美，三者兼备方称得上是一件完善的工艺品之作。

紫砂茶具经历代艺人们的

第二节
紫砂茶具的类型

创造和文人们的推崇，发展到今天已然成为一种工艺特殊、装饰多变、风格高雅、技艺精湛的集工艺和实用于一体的并且具有民族风格，一枝独秀的茶具。当今的紫砂茶具，造型千姿百态，品种丰富多彩，真可谓一个洋洋大观的器艺世界。

自明代中期以来，宜兴紫砂经过历代能工巧匠的辛勤劳作，继而创造出了数不胜数的茶具、花瓶和陈设品，可以说是我国陶瓷这一艺术形态中造型最为丰富的一个品种。紫砂器具从制作到成型都是由手工操作完成的，以泥片镶接法成型，也有模制的，造型变化多样。

紫砂壶的造型之所以能够如此丰富多彩，一方面是由于它悠久的历史；另一方面则是由于它原料的独特性。史上早已流传"壶以砂者为上，世间茶具称为首"的赞语，由于原料可塑性好，利于捏塑、拍打、镶接等独特的工艺技法的使用。因此，器皿的表现形式不受限制，可让作者任意捏塑和雕刻。

宜兴紫砂壶自古以来人们就用"方匪一式，圆不一相"来形容其造型形式的丰富。清代吴梅鼎在为紫砂壶作的赋中写道："尔其为制也，像云罍兮作鼎，陈螭觯兮扬杯。仿汉室之瓶，则丹砂沁采；刻桑门之帽则莲台擎台。名号提梁，腻于雕漆。君名苦节，盖以霞堆。裁扇面之形，舠棱峭厉。卷席方之角，宛转潆洄。诰宝临函，恍紫庭之宝现；圆珠在掌，如合浦之珠回。至于摹形象体，殚精毕异，韵敌美人，格高西子。腰洵约素，照青镜之菱花；肩果削成，采金塘之莲蒂。菊入手而疑芳，荷无心而出水。芝兰之秀。秀色可餐；竹节之清，清贞无比。锐榄核兮幽芳，实瓜瓠兮浑丽。"这段赋中提到的僧帽壶、圆珠壶、束腰菱花壶、竹节壶、提梁壶等等，都是紫砂壶传统造型的代表作品。紫砂茶具以其不同的形式和特点，可以将其分为三大类，分别是光货、花货、筋瓢货。

一、光货

所谓光货是一种何开体紫砂壶的造型。光货的设计制作最能甄别功力。光货主要是指壶体表面为素面的壶，或圆或方以及半圆、六方、八方，圆中有方、方中有圆的壶型，讲究器具的立面线条和平面形态的变化，它要求整个造型中的每个制造过程都要注意形体各部位之间的比例关系，或者辅以一些简洁的线条作装饰，力求形态均匀饱满且有自己的特质、风格和规范。所以，光货造型又可分为圆器和方器两种。正如古人们所形容的"方匪一式，圆不一相"，制作紫砂茶具的功力优劣难以强求一致，但希望做到在统一中求变

紫砂壶

化，在变化中求统一。因此，圆器造型要求做到"圆、稳、匀、正"，要有"柔中带刚"的感觉。这一类紫砂茗壶有我们传统的掇球壶、竹鼓壶和汉扁壶等，都是紫砂圆器茶壶的典型造型。

所谓紫砂方器，则主要指的是它的外形呈方形，也就是说，凡是带有方形的紫砂茶具均可归入紫砂方器的一类中。紫砂方器的造型主要有长方、四方、六方、八方、随方以及寓方等几种基本造型形态。方器造型讲究"方中寓圆"，要求线面挺括平正且轮廓鲜明，根据方器的几种基本形态在造型时又可以根据高中低，大中小，粗中瘦来进行相应的演变，从而演化出几十种不同的方器形态。总而言之，方器的造型变化可以随作者对形器的设计创意而进行相应的或圆或方的处理。但不论是几方形的造型，方器紫砂壶的口盖必须得到规划统一，确保紫砂壶壶盖在任意转动的情况下也能口盖准缝吻合。这一类紫砂方器茶壶的典型代表造型有四方桥顶壶、传炉壶、僧帽壶、雪华壶等。

南京中华门外油坊桥出土的明代嘉靖太监吴经墓中的殉葬提梁壶，是我们目前可以看到的最早的"光货"造型。在造型上，光货也是最容易看出作者水平高低的一类，同一造型同一组合的轮廓曲线，造壶者的水准高低会有差之毫厘、失之千里的效果。

二、花货

紫砂造型的形式十分丰富，其中花货算是一个大类，而且它的起源发展与紫砂史同步。紫砂花货指的是那种自然形体造型的紫砂茶具，俗称"花货"。花货是直接取材于自然界的瓜果花木、鸟兽虫鱼的造型，既包括整体模拟自然形体的造型，如松、竹、梅、柿子、莲心、竹笋、石榴、牡丹花；也包括以几何形体为主，以自然形态诸如竹节、松鼠、葡萄等为器皿的嘴、把、盖、足等局部的造型。这种直接模拟大自然中已有的事物或是人造物制作的自然形态的茶具被行内人士称为"花货"。这一类茶具形态取材来自自然界中的植物、动物等的自然形态，因此也最能代表制作器具的艺人们的匠心独运。这一类紫砂茶具作品在模拟客观事物形象时又分为两种情况，一种是直接把某一种对象的典型代表物演变成茶壶的形状，例如南瓜壶、梅段壶和柿扁壶，另一种则是几何类的壶形，即于壶筒上选择合适的位置用装饰手法与雕刻方法把某种典型形象雕刻其上，另外还有在几何形体上运用雕镂捏塑的方法将自然形态演变为造型的部件，比如说壶的嘴、把。这类作品的代表有常青壶、鱼化龙壶、松竹梅壶和竹节壶等等。

汪寅仙大师曾说："自然界有取之不尽、用之不竭的艺术创作源泉，与紫砂花货的创作更为密切。紫砂花货的创作就是自然界中物体的形态通过去粗取精，并进行艺术上提炼加工，使之升华为高于生活的高雅艺术品来丰富人们的精神生活"。把自然界、动物界的自然形态，用浮雕，半浮雕等造型设计成仿生形象的茶壶，人们称之为"花货"。历史上的供春、陈鸣远和当代的朱可心、蒋蓉、汪寅仙等，都是制作花货的名师。他们给后人留下了异常珍贵的财富。花货不仅满足了

陶制茶宠

人们的生活需求，而且还具有较高的欣赏及收藏价值。

　　不管是光货还是花货，都是取材于我国已有的造型艺术和自然界存在的事物。比如鼎、尊、爵，笠、斗、筐等等。最近十几年来，随着国际交流的增多，抽象造型以及西方的造型也有移植运用到紫砂壶造型的情况。

三、筋瓤货

　　紫砂筋瓤货是自然型和几何型壶式按一定的规则结合而成的。它是紫砂艺人在长期的生产实践中创造出来的一种壶式，它是将花木形态规则化、结体精确严格且制作精巧的一种陶瓷造型类别。紫砂筋瓤货以几何型（一般是圆货）壶式为基本形态，把它的俯视面

紫砂香插

依照一定的方式或比例划分成若干等分，之后再用相应的曲线组合成各种形式的平面图案，再以平面图案的凹凸轮廓为出发点并向壶体的立体面延伸。这样就把生动流畅的筋纹组成于精确严格的结构之中，形成一个完美的整体。这种壶要求有纹理清晰、饱满均匀、口盖严密和八面通转的效果。筋瓤货的俯视图案通常取材于自然界中的各种花型如梅花、菊花、水仙和葵花等以及一些瓜果的形象，通过概括而成。这类茶具的俯视效果严正精密，其立面视觉更加生动流畅并极富有节奏感和韵律感。

早在紫砂壶初创时期就已经出现了筋瓤货紫砂壶。供春被公认为是紫砂壶的创始人，他不仅制作出了名闻遐迩的"供春壶"，同时还有"六瓣圆囊壶"。在供春之后还有李茂林的"菊花八瓣"、时大彬的"东竹柴圆壶"、陈子畦的"南瓜壶"等。直到清代，最让我们值得一提的是邵大亨的"八卦东竹壶"，它的设计精巧无比，做工精湛。所以在 1994 年邮电部发行的《宜兴紫砂陶》特种邮票中其中就有一枚的画面就是"八卦东竹壶"。

筋瓤货的主要特点是规则的纹理组织，等分均衡，筋纹线清晰柔和，齐整协调，线条顺畅，自然明快，具有强烈的节奏韵律美。紫砂筋瓤货成型难度比"光货"与"花货"高，要做好一把筋瓤货必须从材质，工具，器形神韵入手，对紫砂艺人的做壶功底要求较高。

首先，从材质入手，筋瓤货器形态多姿优雅，讲求淳朴逸秀的艺术风格。所以优雅造型必须采用精细之泥，才能相得益彰，展现出筋瓤货的独特神韵。其次，筋瓤货由泥片镶接、压筋纹、依据样校准、拼接而成。工具是制作筋瓤货的前提，制成各种工具，如压筋纹的线梗、理筋纹的内外铁皮刀、清线的明针等等，工艺制作切忌马虎，务必精到，方可出精品。紫砂制作工具，包含诸多的审美理念，是技艺相结合产物。其次，对筋瓤货线型的把握，筋瓤货线型一致，分直线型、对称型，以圆心均等加旋转型等三大类。直线型宜由小渐大，节奏鲜明，棱线虽多，但无琐碎之感，要集秀丽、华美、大方于一体。

中者宜简不宜繁，对称凹凸变化，收放自如，衬托主体，形成强烈的节奏感和韵律感。后者在平面上分成若干等分，以中轴线为基准，构成旋转的弧形曲线，富有张力，动感十足。最后，筋瓤货的造型设计。筋瓤货设计上要求线条宽容得体，线面转折明确，体态形象生动，流畅自然，委婉曲折，方可体现紫砂艺术的神韵。千变万化的造型，离不开视觉上的平衡和功能上的稳定，简练而又不失完美，通过严谨的比例美学及精湛的技艺，创造出赋予艺术灵感的完美作品。

除上面所介绍的三种类型的紫砂壶具外，紫砂器具还有一些其他的器具，有组合茶具、双连式壶，温套壶、暖座壶、熏壶，以及外销壶等各种款式。组合茶具是壶与杯组合为一体，常见有一壶四杯组合，一壶两杯组合，一壶一杯组合，构思奇特，组合巧妙。双连式壶以两壶体相连构成，中空，这种连体式器皿在我国新石器时代已有，以后历代均有生产。温套壶为一种保暖壶，壶外另设一套，壶座其中，具有保温作用，故名暖座壶。连温炉壶，壶下置有炭火，可使加温。外销壶为适应外销国风俗习惯尚需要生产，造型和装饰，与传统款式不同，具有异国情调。

紫砂器具爱好者可根据自己的兴趣所好选择不同类型的紫砂器具进行收藏把玩。

养壶

第三节
紫砂茶具的材质

紫砂，已有几百年的历史，有着丰富的文化底蕴和艺术沉淀。它雄立于中国乃至世界陶瓷艺术之林。紫砂茶具因材质独特和其特殊功用而成为极佳的且少有匹敌的饮茶器具。本节将着重介绍紫砂茶具的独特材质——紫砂。

宜兴的陶土品种繁多，广布于宜兴南部丘陵山区，丁山、张渚、渚东为主要产地。当地一般把陶土分为白泥、甲泥和嫩泥三大类，白泥是一种灰白色为主色单存的粉砂质铝土质黏土；甲泥是一种以紫色为主的杂色粉砂质黏土（通称页岩），未经风化，又叫石骨，材质硬、脆、精；嫩泥则是一种以土黄色、灰白色为主的杂色黏土，材质软、嫩、细。宜兴陶都所产的各种天然陶土，不论是甲泥或嫩泥，都含有大量的氧化铁。含量多的约在8%以上，含量少的也在2%左右。又因各种甲泥和嫩泥含铁量多寡不同，泥料经过适当比率调配，再用不同性质的火焰烧过后，可以呈现颜色深浅不一的黑、褐、赤、紫、黄、绿等多种颜色。这就是紫砂壶呈现各种瑰丽色泽的原因。宜兴紫砂陶所用的原料，包括紫泥、绿泥及红泥三种，统称紫砂泥。

紫砂陶是宜兴特有的陶土资源，这已是不争的事实，尽管在其他省份也有类似于紫砂的陶土，但其品位达不到紫砂陶艺术制作的要求，难以被人们认知。紫砂陶土有三大类品种：紫泥、红泥、本山绿泥，均产于宜兴市丁蜀镇黄龙山方圆一平方公里的山下，其资源量十分稀少。紫砂泥被称为"泥中泥"，宜兴陶土中的硬质陶土甲泥是宜兴陶瓷产区中产量较大的陶土品种，在黄龙山下开采的甲泥中，含量为3%～5%的紫砂原矿泥就夹在甲泥层中间。

一、宜兴紫砂泥原料

宜兴紫砂陶所用的原料是我国特有的宝藏，称之为"岩中岩""泥中泥"。紫砂茶具的制作原料主要为紫砂泥，而这种紫砂泥主要分布在宜兴丁蜀地区。即使在宜兴，也只能在丁蜀地区范围内的陶土矿中找到紫砂泥，宜兴紫砂泥是绿泥（本山绿泥）、红泥（朱砂泥）和紫泥的总称。这种紫砂泥是用质地细腻、含铁量高的特种黏土制成的，它原本也属于疏松的黏土，是被深藏于岩层之下紧夹在粗陶泥之中的页岩类黏土，在地质变化的进程中因被其他岩石压在下面经高压而硬化，颜色以赤褐色为主，是一种质地较坚硬的无釉制品。宜兴紫砂泥的矿物组成，属于含富铁的黏土－石英－云母类型，其具备了宜兴紫砂陶严格的工艺要求，类似中国南方瓷器原料的特点，属于黏土－石英－云母系。因此不需要另行调配，单种原料即具有理想的可塑性，泥壤强度高，干燥收缩小，是有利于烧成紫砂器的前提条件。紫砂泥料分为紫泥、朱砂泥、本山绿泥等三种，而以紫泥为主。这三种泥料即可单独成陶，又能互相掺合配制成不同色调，由矿里采掘而来的泥料，外观类似岩石，但不能用水直接膨润，须经陈腐后才能风化成细碎的颗粒，传统的加工方法是用石磨碾碎过筛，加水拌匀后经人工反复捶炼直至达到理想的可塑性方可制成成品泥。

1. 紫泥

紫泥，古称为"天青泥"，是宜兴紫砂陶土最主要的泥料之一，紫泥的主要矿物成分为水云母，并含有不等量的高岭石石英、云母屑和铁质等。紫泥具有天然化学组成、矿物组成和工艺特性，其单一泥料，通过加工炼制，即能制成各种紫砂陶器制品。紫泥是甲泥矿层的一个夹层，矿体呈薄层状、透镜状，矿层厚度一般在几十厘米到一米之间，稳定性差，原料外观颜色呈紫色、紫红色，并带有浅绿色斑点，烧后外观颜色则呈紫色、紫棕色、紫黑色。紫泥主要成分为水云母，并含有不定量的高岭土、石英、云母屑及铁质等。

紫砂壶

综合分析，紫砂泥属于粒土－石英云母系，颇似制瓷原料的特点，因此单种原料即具有理想的可塑性，泥坯强度高，干燥收缩率小，为多种造型提供了良好的工艺条件。

2. 朱砂泥

朱砂泥（或称红泥）则是位于嫩泥和矿层底部的泥料，矿形琐碎，需经手工挑选。周高起云："石黄泥，出赵庄山，即未触风日之石骨也，陶乃变朱砂色。"因其含铁量多寡不等，烧成之后变朱砂色、朱砂紫或海棠红等色。因为产量少，早期除销往南洋的水平小壶用朱泥制作胎身外，一般只用作化妆土装饰在紫砂泥坯上。至于朱泥的胎土，不过是制壶陶手为了求得更精细的泥料，将红泥以洗泥沉淀，得到约140目到180目细孔的泥料，制成细如滑脂的朱泥壶。朱泥的土质成分，最大的特色是含有极高的氧化铁，约在14%～18%之间，这是朱泥之所以烧成后壶身成为红色的主要原因。由于朱泥的泥性甚娇，成型工艺难度亦高，而朱泥由生坯至烧成，因收缩率高达30%～40%，故一般成品优良率仅约七成。

3. 本山绿泥

绿泥是紫砂泥中的夹脂，故有"泥中泥"之称。绿泥产量不多，泥质较嫩，耐火力也比紫泥为低，一般多用作胎身外面的粉料或涂料，使紫砂陶器皿的颜色更为丰富。

为了丰富紫砂陶的外观色泽，满足工艺变化和创作设计的需要，艺人们通过把几种泥料混合配比，或在泥料中加入金属氧化物着色剂，使之产生非同寻常的应用效果。大凡名家对泥料的配制皆各有心法，不相私授，进而形成紫砂泥有些特定泥料成为某些名家的代名词，也突显了名家的艺术风格。如作品烧成后呈现天青、栗色、石榴皮、梨皮、朱砂紫、海棠红、青灰、墨绿、黛黑、冷金黄、金葵黄等多种颜色，吸引了紫砂藏家的目光。紫砂泥若再掺入粗砂、钢砂，产品烧成后珠粒隐现，也可产生特殊的质感。

二、紫砂泥材质的特点

（1）紫砂泥可塑性好，易于使工艺师对紫砂泥造型。以紫泥为例，它属高可塑性，可任意加工成大小各异的不同造型。制作时粘合力强，但又不粘工具不粘手。如壶嘴、壶把均可单独制成，再粘到壶体上后可以加泥雕琢加工施艺。方型器皿的泥片接成型可用脂泥（多加水分即可）粘接，再进行加工。这样大的工艺容量，就为陶艺家充分表达自己的创作意图，施展工艺技巧，提供了物质保证。

（2）紫砂泥干燥收缩率小。紫砂泥在烧制过程中不易变形损坏。紫砂陶从泥坯成型到烧成收缩约8%左右，烧成温度范围较宽，变形率小，生坯强度大，因此茶壶的口盖能做到严丝合缝，造型轮廓线条规矩严密而不致扭曲。把手可以比瓷壶略粗，避免壶口面失圆，这样与壶嘴比例合度，另外可以做敞口的器皿即口面与壶身同样大的大口面茶壶。

（3）紫砂泥本身不需要加配其他原料就能单独成陶。成品陶中有双重气孔结构，一为闭口气孔，是团聚体内部的气孔；一为开口气孔，是包裹在团聚体周围的气孔群。这就使紫砂陶具有良好的透气性。气孔微细且密度高，具有较强的吸附力，而施釉的陶瓷茶壶这种功能就相对欠缺。同时茶壶本身是精密合理的造型，壶口壶盖配合严密，位移公差小于0.5毫米，减少了混有黄曲霉菌等霉菌的空气流入壶内的渠道。因而，就能较长时间地保持茶叶的色香味，相对推迟了茶叶变质发馊的时间。其冷热急变性能也好，即便开水冲泡后再激入冷水中也不炸不裂。

（4）紫砂泥土成型后不需要施釉，它平整光滑富有光泽的外形，用的时间越久，把摩的时间越长，它就会产生自然光泽。这也是其他质地的陶土无法比拟的。

正因为紫砂陶有如此优良的性能，加上巧夺天工的制作技艺，符合科学的生产技艺，多彩多姿的器物造型，以及它的实用功能，所以能够成为世界名陶。

三、宜兴紫砂材质之美

紫砂材质之美往往是通过加工成器而表现出来的，呈现出一种非常丰富的表层肌理，平整光洁的表面上，显现出一种隆起的小颗粒，均匀而又自然，遍及陶器表面的各个部分。正因为如此，如砂般的颗粒特征，才得来紫砂的名称。紫砂材质经巧妙细致加工后，使器物表面呈现出一种特殊而又丰富的视觉效果：砂而不涩，光而不亮，粗而不糙，细而不腻，矛盾着的方面相互统一，达到整体效果的和谐。

紫砂壶大都无釉无彩，并以此为主，长期延续，单一材质的质地和色彩得到充分的表现。挺括而丰富的表面，沉稳而含蓄的色彩，构成了紫砂壶外部表层效果，并且和自身形体变化联系着，加强了造型的表现力，也形成了一定的装饰性。紫砂壶使用越久，壶身越显色泽光润，气韵温雅。《阳羡茗壶系》一书中说："壶经久用，涤拭日加，自发黯然之光，入手可鉴"。又说：紫砂壶"久且色泽生光明"。

四、宜兴紫砂材质的重要性

人类历史每一件事物的兴起与衰败，都有它的内外因素决定，

宜兴紫砂

宜兴紫砂陶从兴起一直发展到今天，除了文人参与、工匠精制、饮茶习俗兴盛等等因素外，紫砂陶本身材质的优异特性，起着内因决定性的作用。

宜兴紫砂陶属于高岭土－石英－云母类型陶矿，是含铁量高的多种矿物共存的聚合体，泥分子成鳞片状排列，其中还有成团聚状的有机质，烧成后陶胎生成双重气空结构，具有适量的气孔率和吸水率，清代吴梅鼎《阳羡茗茶赋》中描写道："若夫泥色之变，乍阴乍阳，忽葡萄而绀紫，条橘柚苍黄，摇嫩绿于新桐，晓滴琅琊之积翠，积流黄于葵露，暗飘金栗之香，或黄白堆砂，结衷梨号可谈，或青坚在骨，涂髹汁号生光。彼琚煜之窑变，非一色之可名如铁如石，胡玉胡金。备正文于一器，具百美于三停。远而望之，巍若钟鼎陈明庭，近而察之，灿若流金璧浮精美。岂随珠之赵璧可媲，异而称珍者。"文字虽寥寥数语，把宜兴紫砂描绘得淋漓尽致，到目前为止，在我国乃至全球上，还没有发现可以和宜兴紫砂泥料相媲美的陶土矿藏。

第四节

紫砂茶具的工艺

紫砂茶具的制作首先是原料的准备,包括挖泥、炼泥和选料。矿中挖出的硬块状的泥料经过捣碎、过筛、澄滤,所得细土下窑储藏,叫作"养土"。在原料准备好后接下来就是制作成型了。

紫砂陶的成型方法,自明代正德年代以来。经过历代艺人的摸索、改进和科学技术的进步,其方法呈现出多样性、技艺也日臻完美。概括起来,成型方法有手工、注浆、施坯和印坯成型等几种。

一、手工成型法

紫砂器成型的主要方法是手工捏作。先捏器身,然后挖足、开面,最后加柄、嘴、盖等。从明代至清康熙年间,多用捏做的方法,清雍正、乾隆时期出现了大量的模制产品。嘉庆、道光年间,陈曼生重倡古法,又盛行捏作。李景康、张虹曾说:"就印模与捏造而论,印模之法易精,在工业为进步;

捏造之法难精，在技能为绝诣。故印模之法便于仿行，捏造之法则庸工不易措手也。名家之壶俱以捏造见长，坐是故耳。"

手工成型方法包括"打身筒"和"镶身筒"，是古老的手工制作工艺。

1."打身筒"成型法

先将练好的熟泥开成一定宽度、厚度、长度的"泥路丝"，再把这些泥路丝打成符合所制器皿要求的泥条和泥片，用归车等工具划出泥条的宽度，旋出口、底以及围片，然后把围片粘贴在转盘的正中，把泥条沿着围片围好，圈接成一个泥筒，再以左手衬托在圆筒内，以右手用薄木拍子，拍打成型。

圆形壶类一般用打身筒的造型方法。先将泥料用搭子捶敲成厚薄均匀的泥片。泥片的厚度，视茶壶的大小来决定，一般为三四毫米。再根据设计的茶壶直径，加上烧成时的收缩系数，乘圆周率，并加上两端接头的富余量以及身筒的高度，把泥片切成长方形的泥条。将泥条在转盘上围成圆筒，把两端叠合，用鳑鲏刀斜着在叠合处一次切齐，即形成能对接

紫砂组合

得很好的接口，然后在对接的切口用"滋泥"封好。滋泥是用相同的泥料加水调和而成的厚泥浆，作用有些像泥瓦匠用来砌砖墙用的灰泥。粘连后在粘接处做下记号，记住这方位，留待以后安装壶把。这样可以掩盖接口处在烧成后可能出现的痕迹。

然后，用左手手指伸进圆形泥筒内，轻轻扶托内壁（作为内衬使得外拍身的力量得以反冲），右手握木拍子拍打泥筒外壁的上段，边拍边转（左手在内部缓慢借助壶内壁半径和外面的泥拍产生夹击拨动），筒口部分就会奇迹般地渐渐内收。待收缩到需要的尺寸时，用滋泥（这里所指的是用水反复调和后的黏稠泥浆）将准备好的圆形泥片封好上口；然后将泥筒上下颠倒过来，拍打泥筒的另一端，使之收缩并封好口。这时，一个空心的壶身雏形就出来了，再旋转转盘，根据形制要求，用拍子搓搋身筒，或提或按，使器形张肩膨腹，使壶体的肩、肚、足等分段明确规正，线型组合优美，过渡均匀。

待身筒基本成型以后，再配以颈和足。配制颈、足的方法是将厚度不同的圆形泥片（泥片的直径就是壶颈和底足的外径），贴在身筒的上下端。待把壶口外沿和底足外沿规整以后，用规车把泥片中间部分旋划割开取出，留下颈圈和足圈的泥料即可。另外，须做好壶嘴、壶把再配制壶盖，并用各种"线梗"（用牛角或竹木做的专用小工具，作用类似木工制作窗框镜框时用的"线刨"）对各部位的线型转折处反复勒压，剔理，使棱线清晰流畅。砂壶盖子的下面，有一圈直而宽的"子口"，子口的外径，务必与壶口内径紧密吻合，并能通转。安装壶把壶嘴时，先找到打身筒时泥片的接缝处。一般在接缝处的一侧先安装壶把，再在接缝处对侧位预先挖好通水筛孔，然后黏接壶嘴，使壶嘴、把和身筒的垂直中心部面叠合在同一剖面上。这时，茶壶的坯件就基本完成。余下的工作是用明针通身压光，达到"坯件脱手则光能照面"的要求。最后在壶底和盖里打上作者的名号印章、晾干，等待进窑烧制。

2."镶身筒"成型法

方型（包括四方、六方、八方等）壶类的成型方法，主要是用镶身筒的办法。主要步骤是先将泥路丝切成方形泥块，也是先打泥片，根据设计意图配制样板，按照样板裁切泥片，用滋泥将各泥片镶接粘连起来，做成一个小的泥盒子，就是茶壶的雏形，再用工具拍、勒、压，配制嘴、把、盖、的，整饬完成。这种打泥片的工艺方式，实际上是用外力使泥颗粒紧压密实，泥门排列整齐。这样做比注浆成型的产品要牢固结实得多。

好的原矿紫砂泥料有极其良好的可塑性，又有烧成后不易变形的优点，采用这种特殊的成型工艺，可以保证尺寸符合规格且而款式有丰富的变化。一般地说，只要设计合理，各种款式的砂壶都是可以用手工制作成型的。一种款式定型的砂壶，一再反复制造，它们的规格、形态、尺寸也能做到高度统一。事实上在砂壶制作过程中，为了各个工序衔接的方便，总是同一款式的作品同时制作四件或六件，行话叫作"一事"。

手工成型的关键在于泥坯成型技巧的规范恰到好处及表面的精细加工。精细的刮平修正，可以使器形结构更加严谨，轮廓线条分明得体，筋囊文理清晰，达到珠圆玉润、浑然一体的制作要求。

二、近、现代注浆成型法

注浆成型法是近代陶瓷生产中广泛采用的成型工艺，利用石膏模型的吸水性，将泥浆注入模中后将石膏模脱开，便可得到一件中空的泥坯。

在陶瓷生产中，注浆成型法是近代才被广泛采用的成型方法。利用石膏模型的吸水性，将泥浆注入模中，待吸附到一定厚度后，再将多余的泥浆倒掉，稍作干燥后将石膏模脱开，便可得到一件中空的泥坯。如果是一件壶，则粘上采用同样方法成型的壶嘴壶把，干燥后再施釉便可入窑烧成。紫砂是无釉陶，由后紫砂泥特殊的鳞片状分子结构，根本无法采用注浆成型法成型。原因之一就是通常用于注浆成型的泥浆，为了既降低含水率，又能增加泥浆的流动性（同时也为了增加石膏模具的使用周期）而在泥浆中加入一种适量的解胶剂（电解质），一般是采用碳酸钠和水玻璃相配合的溶液。但是在紫砂泥浆中解胶剂根本不起作用，为用紫砂泥浆注浆，其

含水量要超过正常注浆泥浆含水量的28％~38％以上，因而造成泥浆在模型中停留时间过长，既延长了成型过程，又因水分多而收缩过大，易造成废品。原因之二是注浆法不仅不能提高功效，还会影响成品质量。可以说紫砂泥料的特性就注定不能采用注浆成型，鳞片状结构用拍打泥片成型，使泥分子排列有序，胎体结构致密，而注浆成型胎体疏松，既不利后期加工，又易造成产品渗漏。

一件紫砂工艺品的成功要经过十到几十道复杂的成型工序。要完成这些工序，一是要靠艺人们的制作技艺，二是要靠繁多的制作工具，两者缺一不可。古人说得好："工欲善其事，必先利其器"。这里的"器"，就又指制作工具。紫砂成型工具，经过历代艺人的不断探索，改革，创新，现已形成了一整套独特的，经济的，自成体系的工具，数量大小有

几百种，质地有铜，铁，木，竹，牛角，皮革，塑料等多种材料。紫砂成型工具种类繁多，也很讲究造型的美观，前提是以实用为主。这些工具大部分靠自己制作，即使一些买来的工具，也分经过加工，修整后方可使用。这就要求制作者对整个成型工艺有系统的，全面的了解，要弄懂各种工具的不同用途和规格，要考虑在使用上方便，触觉上舒服。因此，紫砂成型工具的制作也很有学问，既要考虑外观的造型，又要符合实际使用功能。以下对不同工具的规格要求作一概述：

1. 搭子

搭子是成型中的主要工具之一，主要用于打泥条，片子和捶嘴，把泥片等等。搭子的主要用材是榉树，檀树，枣树等，取材要干。

搭子平时使用后用湿布擦净放在干燥处，不能在太阳下晒，不能用来打铁器等硬物。

2. 拍子

拍子主要用于打身筒，拍片子，拍口。材料以红木为最佳，拍子的总长 28 厘米，拍身宽 10 厘米。厚度是根据材质而定，枣木前厚 3 毫米，中厚 4 毫米，后厚 4 毫米，柏木厚些，红木可更薄一些，拍子用过后也不能浸在水里，应放干燥处，要避免单面受潮，要防止拍子开裂。

3. 尖刀

尖刀的种类较多，分铁尖刀，竹尖刀，通嘴尖刀，弯尖刀等。尖刀是用于琢壶嘴壶把，琢钮，转足，削革小平面的一种普通而常用的主要工具，实际也是简单的雕塑工具。材料可用普钢，铜，不锈钢，老竹子等。其形中间宽，一头尖，一头稍狭圆，两面线条要对称，中间厚，边上薄，成弧形。尖刀要根据不同的用途选用，厚薄，宽窄要求不一。

4. 刀

刀是成型中使用最广的工

具，在制作过程中，用刀进行切、削、挑、挟、挖、刮等，从开始到结束都要使用。做刀的材料一般最常用的是普通钢，刀锋要保持锋利。刀柄与刀柄的比例大约是6∶1。

5. 矩车

矩车的即为规车，它是专门用于划圆片子、开口用的。矩车分车柄、车钉、站人和销钉四部分。矩车柄是用不易变形的竹子制作，站人要用厚1.5厘米以上的老竹节端制作，矩车钉是铁的，销钉是竹子。一般矩车的规格是矩车的不同用途是根据站人与矩车钉的高度来调节的，一般矩车站人比车钉高2毫米。

另外还有几种特殊的矩车，弯泥条矩车，是在车柄上装两个站人；还有复线车和打线车，复线车不装车钉，打线车则是装竹钉。

6. 线梗

线梗是用于勒光各种装饰线条的工具，线梗有牛角的，铁的，塑料的还有竹子的。线梗是根据不同的装饰线条来磨制，要根据各人使用的手势，习惯来确定线梗的不同角度，是制作成型工具中最难掌握的一种。

7. 明针

明针就是牛角片，用于作品表面精加工的工具。制作明针时头子要刮平，要从上到下慢慢地薄下去，明针使用时要浸在清水里，不用时要捞起揩干。

8. 矩底泥扞尺

这两种工具都是用竹子做的，矩底又叫底据，垫底，是垫在矩车的站人下面划片子用的，中间开一个圆眼。泥扞尺是用来起泥条和大片子用的，它用节距较长的竹片做成，从柄到头要逐渐薄下去，并且慢慢狭窄，背面要平正，口要齐，一面成刀口状，握柄处一般正好有一个竹节。

9. 勒只、篦只、复只

勒只是用来磨光口颈，底，足与身筒交接处的工具，材料有牛角，竹子，黄杨木等。它根据不同的角度，弧底磨成所要求的形状。篦只用作于整形，可篦去身筒上的小疙瘩的小隙丝，主要用篦片，木板制成。篦只要将肩、肚、底分开做，不能一个壶造型各部分共用一只篦只。复只是用来复子泥的，一般用 2～3 毫米的竹片或明针做成。

10. 竹拍子

竹拍子有大、中、小及尖头拍子等几种。大、中拍子是抽身筒，做方货用的，小拍子是用于推身筒接头，掠子泥，推墙刮底，做壶嘴壶把等；尖头竹拍子可挟大面，做壶嘴等。

11. 挖嘴刀、铜管

挖嘴刀是用来挖嘴洞的，用 2～3 毫米粗的钢丝烧红后加柄制成的。铜管是钻各种大小洞眼的，用铅皮或铜皮卷成直径一半的圆筒，长度 10～12 厘米，在两头加上成刃口。

12. 独个

这是用作圆眼，圆嘴的工具，同时在做花货，树桩也可作雕塑工具用。竹子做的独个具有爽泥，耐磨等优点，且取材容易，削制方便。独个一般有两种，一种是平头的用作独盖眼的，另一种是两头尖的（一头粗，一头细），用作独嘴洞及其他洞眼。

13. 水笔帚

这是用布扎成的用于带水的传统小工具。打身筒，琢嘴、把，琢钮等，都是离不开它的。它的优点是存水多，带水方便。特别是做粗货，坯体太燥时，可直接沾水带在坯体上。

　　以上所介绍的紫砂成型工具都是紫砂器具在成型过程中必不可少且常见的成型工具。紫砂成型工具是在实践中产生，并且不断完善的，这是千百年来无数紫砂艺人智慧的结晶，它与传统的紫砂工艺是相辅相成且须臾不可分离的，它不仅关系到艺人操作的方便，还与作品的质量直接相关。因此，精湛的制作技艺必然有完美的制作工具来辅助，这恐怕也是紫砂工艺的又一独特之处吧！

宜兴紫砂

第五节
紫砂茶具制壶名家

在紫砂制品中，最为突出的是紫砂茶壶，无论是地下出土，还是世间流传的，大部分都是茶具。因为紫砂茶壶式样多种，各有特色，不仅富于民族风格，而且具有用开水沏茶，冬不易冷、夏不炙手和泡不走味、贮不变色，盛夏不易发馊等特殊功能。所以博得人们"一壶在手，爱不忍释"，高士名儒更视为"拱璧"，特别推崇，极力提倡，因而茶壶成了盛行的上品，数量多，流传广。

明代是紫砂正式形成较完整的工艺体系的时期，尤其在嘉靖至万历年间，紫砂从日用品陶器中独立出来，讲究规整精巧，名家名壶深受文人仕宦的赏识，入宫廷、出海外，奠定了宜兴作为紫砂之都的基础。紫砂陶品种繁多，紫砂茶壶尤以其独有的实用性与艺术鉴赏性相统一的特性，成为传世精品。紫砂茶具的辉煌离不开历代制壶名家的成就。

文献中确切记载的紫砂历史，是从明代正德年间供春学金沙寺僧制作茗壶开始的。据明朝周高起的《阳羡茗壶系创始》"创始"一节及《宜兴宗旧志》的"艺术"一章记载：金沙寺（宜兴湖父镇西南，为唐相陆希声山房）僧久而逸其名矣，闻之陶家云：僧闲静有致，习与陶缸瓮者处，"抟其细土，加以澄炼，捏筑为胎，规而圆之，刳使中空，踵傅口、柄、盖、底，付陶穴烧成，人遂传用。"金沙寺僧的确切年代，已经难以查考。据推测大概在成化弘治年间（1465-1505 年）。其后在明正德嘉靖年间（1506-1566 年）据《阳羡茗壶系》的《正始》云："……供春于给役之暇，窃仿老僧心匠，亦淘细土抟胚，茶匙内中，指掠内外，指螺纹隐起可按，故腹半尚现节腠，视以辨真……"。供春所制紫砂茶具，新颖精巧，温雅天然，质薄而坚，负有盛名，张岱《陶庵梦忆》中言道供春壶"栗色暗暗，如古金石，敦庞周正，

允称神明"。其所作树瘿壶（亦称供春壶）为世间珍宝，传说曾为吴大澂收藏，后为储南强所得，把下刻"供春"两字，裴石民配制壶盖，黄宾虹为之定名，现藏于中国历史博物馆。另一件原是罗桂祥先生收藏，后藏香港茶具文物馆，壶底有"大明正德八年供春"两行楷书铭款的"六瓣圆囊壶"。他也是第一位有文献记载的壶艺大师。金沙寺和供春所生活的明代弘治、正德年间（公元 15 世纪末至 16 世纪初），由此也被看作为宜兴紫砂产品真正形成工艺体系的时间。

在嘉靖到隆庆年间（1522-1572 年），继供春之后而起的紫砂名艺人有董翰、赵梁、时朋和元畅四人，并称为"名壶四大家"。其中董翰以制作菱花式壶最著称，赵梁所制壶多为提梁壶。这些名家均以造型的艺术化取胜。嘉靖后，出现了一大批制壶名家，创作出了多款壶型，

流传至今。由于迎合了当时士人浅尝低吟、自斟自饮的茶风，紫砂陶壶逐渐被精于茶理的文人所关注和喜爱，众多文人雅士参与设计制作，赋予紫砂壶以文人艺术品的特质。紫砂壶艺术已具备高度的艺术品位，逐渐形成了独特的民族风格。这也促使紫砂壶的造型趋向小型化，如南京嘉靖十二年墓中所出紫砂提梁壶的容量就只有450毫升，较之宋代窑址所出的容量达2000毫升的大壶，只及四分之一。所以紫砂壶体的小型精巧化是当时总的趋势。冯可宾所著《茶笺》中说："茶壶以窑器为上，又以小为贵，每一客，壶一把，任其自斟自饮，方为得趣。壶小则香不涣散，味不耽搁"。《阳羡茗壶系》也说："壶供真茶，正在新泉活火，旋瀹啜，以尽色香之蕴。故壶宜小不宜大，宜浅不宜深"。这种饮茶方式，具有色、香、味三者兼顾的要求，就为紫砂壶的小型精巧化定下了基调。

同时，紫砂壶也开始胜过了银、锡或铜制的茶壶，成为文人士大夫品茶时必备之物。所以《阳羡名壶系》中又说："近百年中，壶黜银锡及闽豫瓷，而尚宜兴陶"。明代文人李渔也说："茗注莫妙于砂，壶之精者，又莫过于阳羡"。

明代中叶，制壶名家辈出，壶式千姿百态，技术精湛，迎来了中国紫砂陶艺术第一个巅峰时期。在万历年间(1573-1620年)继起的名家有时大彬、李仲芳和徐友泉师徒三人，他们的壶艺都很高超，在当时就有"壶家妙手称三大"之誉。以时大彬为代表，所制茗壶，千态万状，信手拈出，巧夺天工，世称"时壶""大彬壶"，为后代之楷模。有诗曰："千奇万状信出手，宫中艳说大彬壶"。而据清吴骞生的《阳羡名陶录》里编载周容的一篇《宜兴瓷壶记》记载："……始万历间大朝山僧(当作金沙寺僧)

传供春；供春者，吴氏之小史也，至时大彬，以寺僧始止。削竹如刃，刳山土为之。供春更朽木为模，时悟其法，则又弃模，而所谓制竹如刃者，器类增至今日，不啻数十事……"揣摩大彬壶及明代民间的传器，可以看到时大彬对紫砂壶制作方法进行了极大的改进。最大的改进是用泥条镶接拍打，凭空成型。紫砂艺术发展到此阶段，遂真正形成宜兴陶瓷业中独树一帜的技术体系。这其中也有着时大彬以前的父辈们（包括时鹏、董翰、赵梁、元畅四大家在内）的共同实践经验，但时大彬是集大成者，经他的总结力行，成功地创制了紫砂常规上的专门基础技法。《名陶录》云："天生时大神通神，千奇万状信手出。"这样的赞颂，唯时大彬足以当之。几百年来，紫砂全行业的从业人员，都是经过这种基础技法训练成长的。万历时名工还有欧正春、邵文金、邵文银、蒋佰夸、陈用卿、陈文卿、闵鲁生、陈光甫、邵盖、邵二荪、周俊溪、陈仲美、沈君用、陈君、周季山、陈和之、陈挺生、承云从、陈君盛、陈辰、徐令音、沈子澈、陈子畦、徐次京、惠孟臣、葭轩和郑子候等。可以说是名工辈出，各有绝技。明代是紫砂壶不断翻新发展的时期："龙旦""印花""菊花""圆珠""莲房""提梁""僧帽""汉方""梅花""竹节"等造型层出不穷。艺人陈仲美将瓷雕技术融入陶艺，是宜兴历史上风格多样、制壶最多的三位名家之一，所制花货令人耳目一新。他最早将款和印章并施于壶底，开创了壶史先例。陈用卿则第一次将铭文刻于壶身，且用行书取代楷书，增加了作品的文气。在这之前，紫砂壶上都不刻任何铭文，即使制壶艺人的名款，亦仅偶尔以楷书刻在壶底。明代的烧制技术也有所创新，李茂林首创匣钵套装壶入窑，烧成后壶色光润，无裸胎露烧所产生的瑕疵，这一烧制方法沿传至今。万历以后的天启、崇祯年间（1621-1644年）著名的紫砂艺人有陈俊卿、周季山、陈和之、陈挺生、惠孟臣和沈子澈等。其中以惠孟臣的壶艺最精，为时大彬以后的一大高手，他所制作的茗壶，形体浑朴精妙，铭刻和笔法极似唐代大书法家褚遂良，在我国南方声誉很大。在清初雍正元年(1733年)即有人仿制"孟臣壶"，其后仿者更多。署款铭刻开始盛行，出现了代镌铭款的文人刻家。

清中叶以后，文化参与紫砂壶的制作，一壶之上集工艺技法之大成，可交替运用书法、诗画、篆刻、雕塑、镂空、镶嵌、泥绘、彩釉、绞泥、掺砂、磨光等技法，因器而异，变化丰富。文人参与制壶，是清代紫砂壶艺突出的时代特征，且成为清代壶艺的主流，给壶艺发展以极大的推进。

嘉庆年间知县陈曼生爱好紫砂壶，精于书法、绘画、篆刻，亦属名家。为振兴陶业，手绘十八种壶式，即"曼生十八式"，并邀制壶艺人杨彭年、吴月亭等为他制壶，又邀文人好友为之绘画、刻文，世称"曼生壶"款"阿曼陀室"。使得紫砂壶成为高雅的陶艺作品。这个时期在壶身题款成为风尚，由艺人杨彭年制作、名家书刻铭文，风格古雅简洁，这类壶的壶底、壶盖、壶身常留下定制者、制作者、刻书画铭文者的名款。宜兴紫砂壶"字依壶传，壶随字贵"由此而盛。

近现代的紫砂茶具的发展中也涌现出了一批优秀的制壶名家，并且具有他们独到的艺术贡献。近代的如程寿珍(1858-1939)，别号"冰心道人"，他擅长制作"掇球壶"及仿古紫砂壶。所制掇球壶端正完美，稳健丰润，犹如大小双球叠垒，曾获得巴拿马国际赛会和芝加哥与博览会的奖状。同时得到奖状的还有紫砂名艺人俞周良所制的"传炉壶"。又如范鼎甫，他不仅善于制作紫砂壶，而且擅长紫砂雕塑品，他的大型雕塑作品——"鹰"，曾在1935年伦敦国际艺术展览会上获得金质奖章。

紫砂香插

而今，壶艺家们在继承传统的基础上，不仅使失传几十年的优秀作品逐步恢复，而且还创造了一千多种新产品。几何形壶（包括圆器、方器）、自然形壶（花货）、筋纹器壶及小型壶、水平壶等四种类型都有出产，色泽包括红泥、紫砂、梨皮泥等十多种，纹饰运用了浅浮雕、印花、贴花、镌刻及金银丝镶嵌等新工艺现代紫砂壶艺术以朱可心、顾景舟和蒋蓉为代表。著名老艺人还有裴石民、王寅春、吴云概、任淦庭等。他们的技艺是多方面的，但又各有所长。顾景舟技艺全面，喜作素式茗壶；王寅春、吴云根则以筋纹器壶为主；朱可心、蒋蓉又擅制雕塑装饰的壶；裴石民除专长制壶外，还以制作形色逼真的花果小件著名；而任淦庭则以书画陶刻著称。他们除了精心创作外，还培养了数以百计的青年艺徒，使紫砂这一传统工艺后继有人。

紫砂茗壶是以特殊的紫砂材质精制而成，具有一定的制作技巧和审美标准。随着人们对生活品质的追求越来越注重作品内涵，形成百品竞新的现代紫砂壶艺术，名师新秀，各擅胜场，显示作者品格特征和紫砂文化，吸引着海内外各阶层人士的向往和倾心。

第五章 Chapter.5

茶具选用和收藏

　　茶具材料多种多样，造型千姿百态，纹饰百花齐放。究竟如何选用，这要根据各地的饮茶风俗习惯和饮茶者对茶具的审美情趣，以及品饮的茶类和环境而定。对一个爱茶人来说，不仅要会选择好茶，还要会选配好茶具，因茶制宜，因地制宜，所以好茶配好具才能品出好滋味。

第一节
茶具的选择

　　一般来说，现在通行的各类茶具中以瓷器茶具、陶器茶具最好，玻璃茶具次之，搪瓷茶具再次之。因为瓷器传热不快，保温适中，与茶不会发生化学反应，沏茶能获得较好的色香味，而且造型美观，装饰精巧，具有艺术欣赏价值。陶器茶具，造型雅致，色泽古朴，特别是宜兴紫砂为陶中珍品，用来沏茶，香味醇和，汤色澄清，保温性好，即使夏天茶汤也不易变质。

　　乌龙茶香气浓郁，滋味醇厚。冲泡时，茶叶投放前，先以开水淋器预温；茶叶投放后随即以沸水冲泡，并以沸水淋洗多次，以发散茶香。因此冲泡乌龙茶使用陶器茶具最为适合。但陶器茶具的不透明性，沏茶以后难以欣赏壶中芽叶美姿是其缺陷，这对泡饮名茶就不适宜了。

　　如果用玻璃茶具冲泡，如龙井、碧螺春、君山银针等名茶，就能充分发挥玻璃器皿透明的优越性，观之令人赏心悦目。

至于其他茶具，如搪瓷茶具，虽在欣赏价值方面有所不足，但也经久耐用，携带方便，适宜于工厂车间、工地及旅行时使用。而塑料茶具，因质地关系，对茶味亦有影响，除特殊情况临时使用外，平时不适宜，尤其忌用塑料保温杯冲泡高级绿茶，这种杯长期保温，使茶汤泛红，香气低闷，出现熟汤味，大煞风景。

选择茶具，除了注重器具的质地之外，还应注意外观的颜色。只有将茶具的功能、质地、色泽三者协调，才能选配出完美的茶具。陶瓷器的色泽与胎或釉中所含矿物质成分密切相关，而相同的矿物质成分因其含量高低，也可变化出不同的色泽。陶器通常用含氧化铁的黏土烧制，只是烧制温度、氧化程度不同，色泽多为黄、红棕、棕、灰等颜色。而瓷器的花色历来品种丰富，变化多端。

选用茶具，除了注意器具的质地外，还应注意外观的颜色。只有将茶具的功能、质地、色泽三者统一协调，才能选配出完美的茶具。

茶具的色泽主要指制作材料的颜色和装饰图案花纹的颜色，通常可分为冷色调与暖色调两类。冷色调包括：蓝、绿、青、白黑等色，暖色调包括黄、橙、红、棕等色。茶具色泽的选择主要是外观颜色的选择搭配。其原则是要与茶叶相配。饮具内壁以白色为好，能真实反映茶汤色泽与明亮度。同时，应注意一套茶具中壶、盅、杯等的色彩搭配，再辅以船、托、盖置，做到浑然一体。如以主茶具有色泽为基准配以辅助用品，则更是天衣无缝。各种茶类适宜选配的茶具色泽大致如下：

名优绿茶

透明玻璃杯，应无色、无花、

无盖。或用白瓷、青瓷、青花瓷无盖杯。

白茶

白瓷或黄泥炻器壶杯及内壁有色黑瓷。

黄茶

奶白或釉瓷及橙黄色茶杯具、盖碗、盖杯。

红茶

内挂白釉紫砂、白瓷、红釉瓷、暖色瓷的壶杯具、盖杯、盖碗和咖啡茶具。

乌龙茶

紫砂壶杯具，或白瓷壶杯具、盖碗、盖杯。也可用灰褐系列炻器壶杯具。

花茶

青瓷、青花瓷等盖碗、盖杯、茶杯具。

当然，茶具颜色还不是最主要的，不同的茶选择合适的茶具、适用合适的冲泡方法才能最好的冲泡出茶的味道，这

钧窑提梁壶组合

才是至关重要的。

一般来说红茶和白茶适合用大壶来泡。绿茶和花茶则适合用高玻璃杯冲泡，不建议用玻璃茶具来泡铁观音、乌龙、凤凰等清茶类的茶叶。

茶具在中国源远流长的茶文化中是点睛之品，在爱茶之友眼中更是一种艺术。那么如何挑选茶具呢？好壶的标准是什么呢？好壶就是要做工精细，用料纯正，泡茶口感好，拿捏舒适，手感好，出水流畅，密封良好，容量得当，泡养后呈现紫玉金砂般的效果，自己越用越喜欢，更高层次就是要能带给品茗者良好的视觉感受和心理感受。

1. 美感

茶壶是自己使用的，所以在选择茶壶的造型及外观方面。只要依个人喜好、个人感受选择便可。

2. 质地

泡茶用的壶，一般是以砂为主，因为砂器具吸水性且不透光，外形较瓷器浑厚亲和，在上面提款也别具韵味，所以大致上砂壶比瓷壶受欢迎。至于茶壶的质地，主要是以胎骨坚、色泽润为佳。

3. 壶味

在选购新壶时，应嗅一嗅壶中味，新壶有些也许会略带瓦味，这倒还可选用，但若带火烧味或其他杂味，如油味或人工着色味则不足取了。

4. 精密

壶的精密度是指壶盖与壶身的紧密程度，密合度愈高愈好，否则茗香散漫。

"闲是闲非休要管，渴饮清泉闷煮茶"，一壶清茶就是一种好心情，选一把好壶，遵从以上这些原则之后，具体的某一种茶具应该怎么选择呢？

茶壶和茶杯作为茶具中最重要的两种，在茶具的选择上具有一定的代表性，选好茶壶和茶杯之后，其他的茶具我们与之相适应去配套即可。茶壶有很多种，陶、瓷、金、铁、铜、锡……现在我们只把焦距对在"宜兴紫砂壶"上头：

一般说来，宜兴紫砂壶的选择标准可从下述的四个角度来逐一过滤。壶之为壶，实用第一。茶壶的天职就是要能拿来泡茶，这当然是毋庸置疑的，换言之，选择茶壶时便不应违背"实用"的基本

道茶茶具

原则。一把实用的贴心好壶至少应具备下列几点：

① 容量大小应合己用：茶壶容量大小差距甚多，大者容水数升，小者仅纳一杯之量。同样的，有的人交游广泛，天天高朋满座，一周泡掉三斤茶，此时如果选用朱泥小壶来泡，那光是来回地倾茶注水便够他手忙脚乱，满头大汗了。反之，若三两好友促膝品茗，偏偏选用容水近升的大汉方壶，那岂不强迫人人非要牛饮一番不可？果真如此，那保证不出三个月，你的朋友会三个变两个，两个变孤

支,到头来只有"举杯邀明月,对影成三人"的份了。

② 口盖设计合理,茶叶进出方便:例如爱喝乌龙茶的,在冲泡前呈干燥紧缩状态,借着茶则置入壶中并不太难,但经热水冲泡数巡之后,叶片逐一伸展膨胀开来,会将整个壶身塞得饱饱满满的(尤其置茶量过多时),此时如果壶口太小或设计不当时,就得费一番工夫才能将茶渣掏出。若一时疏忽,未清除干净,甚易在壶身内壁形成茶垢,甚至发霉,这就有碍健康了。

③ 重心要稳,端拿要顺手:有些茶壶端拿之际十分沉重,这如果不是壶把设计不当,不符合人体力学,便是壶壁过厚(用土太多)。新手买壶时,不妨先在壶内盛装四分之三的水,单手提起,临摹倒水姿势。此举,一则试其量感是否过重。二则可趁此感觉执壶间,手指与壶把的施力位置是否舒适。

端拿是否顺手相当重要,否则不但累了自己,更容易发生失手破壶的惨剧,不可不慎。况且,勉力为之,不免手上青筋暴露,脸上龇牙咧嘴,让客人未尝其甘,先见其苦,果真有够失礼。

④ 出水要顺畅,断水要果快:此点是大部分茶壶不易顾及的。好壶出水刚劲有力,弧线流畅,水束圆润不打麻花。断水时,即倾即止,简洁利落,不流口水,并且倾壶之后,壶内不留残水。

紫砂壶艺向以其高度精巧的工艺性著称于世,几乎所有好的砂壶都是手工成型的,所以工艺水平的高低自是用心所在,也是评断砂壶好坏的重要条件。砂壶的工艺要求,基本上有下述几项:

① 壶嘴、钮、把,三点成一线:这点是诸多藏家所特意注重的,尤其是水平壶、西施壶等基本壶式更是如此,它看似简单,实则不然,甚至包含

名家壶在内，仍有许许多多的紫砂壶嘴歪把斜。另外，上把与下把不在同一垂直线上的亦相当常见。当然，这样的紫砂壶一样能泡能养，只是中国人讲究的是"大中至正""允执厥中"，所以除非是特意设计的砂壶，不然仍应慎重审视为宜。

②口盖要严紧密合：圆壶要能旋转滑顺无碍，方壶要求面面接缝平直不变形，筋纹器更要达到面面俱到的"通转"地步。除了以上的目视、手试外，我们尚可在壶身盛水后，举壶作注水状，以食指压紧气孔，若能达到即压即停且滴水不漏，就表示壶盖与壶身的密合度甚高，与外界空气接触极少。部分技术特佳的陶手还能达到将壶嘴塞住时，手捏壶钮可将全壶擎起的境地。

③壶身线面修饰平整、内壁收拾利落，落款明确端正：通常，一件砂壶的做工良莠，

我们可从外观上审视陶手是否有用心将壶身线条、转折、棱线修饰漂亮规整来作判断。还有，此壶的落款是否大小得宜、位置适中、深浅合度，亦是重要参考。此外，最易遭受忽略的是，壶身内壁流嘴的接口、块面的接缝是否遗有施工泥屑，内壁、内底是否收拾匀当等。这些小细节都足以看出作者的制作态度是否严谨、审慎。

④胎土要求纯正，火度要求适当：有些砂壶乍看之下油光灿然，未养先亮；有的则是贼光浮动，色相诡异，这些征兆都显示着此壶的土胎不纯或是作者配土太差。至于砂壶的烧结火候是否恰当则需要经验的累积才能做出正确的判断。一般可用壶盖（切勿用盖沿，那是全器最脆弱的地方）轻轻敲击壶身（务请注意，莫伤壶表），若呈铿锵含韵之声，代表火度适中；若呈混沌低郁之声、代表火度稍嫌不足；反之，

若呈高尖干脆之声，则表过火，壶身已呈瓷化。

另外，茶杯的选择也是一个细致活。茶杯是小物，但好的茶杯可以提升喝茶的感受，增添把玩的乐趣，也算是小投入的可玩之物。如果只是用来喝水喝茶，当然，选择的重点就在于价格和大小。但如果有把玩的乐趣的话，可选的范围就比较广了。

首先要确定的是材质，茶杯材质众多，有青花，青瓷，粗陶，玻璃，紫砂，天目，白瓷，黑瓷，玉石，木头等，但从初入手来说，建议从青瓷和青花来入手，一是产品众多便于选择，二是从低到高，可以逐步晋级。不过这两种相比较而言，青花，更适合新入手的人。

① 胎质：初入手，肯定是希望拿来使用的，不考虑收藏、增值等因素，在使用中，对胎质的要求，最简单来说，就是白。胎越白越好，不要轻信什么"仿老"做的闷闷的，偏青等说法。

② 胎体：个人对于青花偏好薄胎，胎越薄越透，越好玩。

③ 画工：现在但凡是个青花都号称手绘，但说实话，某些手绘的杯子，还不如三岁小孩画的，实在没有意义。对于画工好坏，别听信卖家的说法与品牌的传言，自己根据自己的喜好来判断为上，最好能有细部图片，来看看细节的处理，细节处理越仔细的，当然越值得下手。

④ 形态：杯子形态各异，一般来说，先根据自己的习惯来选择大小，究竟什么容量的杯子适合自己的需要。胎质上，薄胎杯子散热快，适合喝茶，如果冬天喝水，就适合大一些，厚一些的杯子。从形状上来说，大开口的杯子，适合普洱、绿茶等茶种，高身的杯子适合乌龙等茶种。

第二节
茶具的使用

在中国，泡茶饮茶，早已成为为人处世必不可少的一部分。中国人好客，招待客人的时候，必须配上好茶与好茶具，方可显示出对别人的尊重。选择了什么样的茶，选择了哪一种水，再选择了相应的茶具，选择一个好的环境，可以培养一个好的心境。那么，我们选择了茶具之后，该怎么样来使用呢?

当然，茶具的使用，得对相应的茶具而言。茶具通常是指茶壶、茶杯、茶碗、茶盘、茶盅、茶托等饮茶用具。东北、华北一带，大多数人喜喝花茶，一般常用较大的瓷壶泡茶，然后斟入瓷杯饮用。江南一带，普遍爱好喝绿茶，多用有盖瓷壶泡茶。福建、广东、台湾以及东南亚一带，特别喜爱乌龙茶，宜用紫砂器具。四川、安徽地区流行喝盖碗茶，盖碗由碗盖、茶碗和茶托三部分组成。喝西湖龙井等名绿茶，则选用无色透明玻璃杯最理想。品饮名绿茶和细嫩绿茶，无论使用何种茶杯，均宜小不宜大，否则，大热量容易使茶叶烫熟。下面就详细介绍茶具的使用方法。

茶宠葫芦

一、茶杯的使用方法

茶杯的种类、大小应有尽有。喝不同的茶用不同的茶杯。近年来更流行边喝茶边闻茶香的闻香杯。根据茶壶的形状、色泽，选择适当的茶杯，搭配起来也颇具美感。为便于欣赏茶汤颜色，及容易清洗，杯子内面最好上釉，而且是白色或浅色。对杯子的要求，最好能做到"握""拿"舒服，"就口"舒适，"入口"顺畅。

二、茶漏的使用方法

茶漏则于置茶时，放在壶口上，以导茶入壶，防止茶叶掉落壶外。

三、盖碗的使用方法

盖碗或称盖杯，分为茶碗、碗盖、托碟三部分，置茶3克于碗内，冲水，加盖五六分钟后饮用。以此法泡茶，通常喝上一泡已足，至多再加冲一次。

四、茶盘的使用方法

用以承放茶杯或其他茶具的盘子，以盛接泡茶过程中流出或倒掉之茶水。也可以用作摆放茶杯的盘子，茶盘有塑料制品、不锈钢制品，形状有圆形、长方形等多种。

五、茶则的使用方法

茶则为盛茶入壶之用具，一般为竹制。

六、茶挟的使用方法

茶挟又称茶箸，茶挟功用与茶匙相同，可将茶渣从壶中夹出。也常有人拿它来挟着茶杯洗杯，防烫又卫生。

七、茶巾的使用方法

茶巾又称为茶布，茶巾的主要功用是干壶，于酌茶之前将茶壶或茶海底部衔留的杂水擦干，亦可擦拭滴落桌面之茶水。

八、茶针的使用方法

茶针的功用是疏通茶壶的内网（蜂巢），以保持水流畅通。

九、煮水器的使用方法

泡茶的煮水器在古代用风炉，目前较常见者为酒精灯及

茶道工具组合

自动电炉、电壶，此外尚有用瓦斯炉及电子开水机。

十、茶叶罐的使用方法

储存茶叶的罐子，必须无杂味、能密封且不透光，其材料有马口铁、不锈钢、锡合金及陶瓷。

十一、茶船的使用方法

用来放置茶壶的容器，茶壶里塞入茶叶，冲入沸开水，倒入茶船后，再由茶壶上方淋沸水以温壶。淋浇的沸水也可以用来洗茶杯。又称茶池或壶承，其常用的功能大致为：盛热水烫杯、盛接壶中溢出的茶水、保温。

十二、茶海的使用方法

茶海又称茶盅或公道杯。茶壶内之茶汤浸泡至适当浓度后，茶汤倒至茶海，再分倒于各小茶杯内，以求茶汤浓度之均匀。亦可于茶海上覆一滤网，以滤去 茶渣、茶末。没有专用的茶海时，也可以用茶壶充当。其大致功用为：盛放泡好之茶汤，再分倒各杯，使各杯茶汤浓度相若，沉淀茶渣。

十三、茶匙的使用方法

茶匙又称"茶扒"，形状像汤匙所以称茶匙，其主要用途是挖取泡过的茶壶内茶叶，茶叶冲泡过后，往往会会紧紧塞满茶壶，加上一般茶壶的口都不大，用手挖出茶叶既不方便也不卫生，故皆使用茶匙。

十四、茶荷的使用方法

茶荷的功用与茶则、茶漏类似，皆为置茶的用具，但茶荷更兼具赏茶功能。主要用途是将茶叶由茶罐移至茶壶。主要有竹制品，既实用又可当艺术品，一举两得。没有茶荷时可用质地较硬的厚纸板折成茶荷形状使用之。

第三节
茶具的养护

首先我们应该明白两个问题：如何养壶？为什么要养壶？

泡茶使用的过程就是养壶的过程，不必为养壶而养壶。日常使用中，应是每天早上清洗掉前一天的茶渣及壶体内外，再泡新茶，前两遍洗茶的茶水就用杯子接好回浇到壶上，然后泡茶享用，此时壶是热的，可以用干净的干茶巾擦拭几下，好的壶可以感觉到立现不同，这时可是非常享受，带来一天的好心情。日久如此，壶会越来越光温，越漂亮，越水灵，让人爱不释手。为什么要养壶？一是养出紫玉金砂般的质感和温润光泽，给人是视觉享受；二是给人以变化的惊喜，带来精神上的成就感；三是养出的壶比新壶泡茶更香醇。

现今，我们不用麻烦到像古人一样需要蒸茶，精确到煮水温火这些步骤。只需一茶一壶一杯，皆可凑成为一壶茶。随着人们对茶的品鉴的加深，对于沏茶的器皿也有了不同的喜好，陶制茶具、瓷质茶具、漆器茶具、金属茶具、玻璃茶具、竹木茶具，这些种类现在——摆在了我们的面前。

壶添品茗情趣，茶增壶艺价值，认为好茶好壶，犹似红花绿叶，相映生辉。对一个爱茶人来说，不仅要会选择好茶，还要会选配好茶具。宜兴紫砂泡茶不失原味"色香味皆蕴"；景德镇的瓷器茶具凭借"白如玉，明如镜，薄如纸，声人磬"享誉中外；福州的漆器茶具，多姿多彩；金属茶具的密封性更胜一筹；玻璃茶具的美观性，使喝茶的人在品茶的同时，身心愉悦。西汉王褒《僮约》中说"武阳买茶，烹茶尽具"体现一杯好茶，需要的是一套好的茶具，而一套好的茶具，除了要看茶具制作人的手艺之外，更重要的是要看爱茶之人对于茶具的保养。

经过长时间的浸泡，茶具中多多少少会有些茶垢，这个时候清水是洗不掉的。需挤少量的牙膏在茶具上面，用手或是棉花棒把牙膏均匀地涂在茶具表面。大约过一分钟后再来用水清洗这些茶具，茶具上面的茶垢就很容易被清洗干净了。喝茶者也应勤洗杯。茶垢沉积已久的茶杯，用牙膏反复擦洗便可除净。那些积有茶垢的茶壶，用米醋加热或用小苏打浸泡一昼夜后，再摇晃着反复冲洗便可清洗干净。

如何保养茶具其实很简单，关键是习惯。在每次喝完茶后，记得把茶叶倒掉，把茶具用水清洗干净。能够长期保持这种良好的习惯，什么清洗工具都不重要了，茶具仍会保持明亮光泽。只有把握好茶具保养的正确方法后，适量饮茶才能生津解渴、除湿清热、提神健脑、美容养颜，利于人体健康。

茶具的养护包含两个方面，即整修和保养。

一、壶的整修

我们在选壶以后，一般读者必会产生畏难情绪。的确，古往今来只有屈指可数的几位堪称制壶大师，其作品流传至今者更是凤毛麟角，一壶值千金，非一般消费层次者可染指。尤其是现代工厂化生产条件下，市卖者多为大批生产出来的商品，当然不是艺术品，要符合如上要求显然是苛求了。其实，在选购时挑选基本符合前述条件的新壶，然后可通过整修，成为一把理想的合用之壶，并且因为是亲手参与，会有一份特别的乐趣。

整修工具为细圆棒形钻石锉刀，辅料为金刚砂、肥皂和水。整修时先在金刚砂内倒入少量水，并在壶盖沿上抹些肥皂，再抹上湿润的金刚砂，把壶盖盖在壶口上，一把握钮倒托壶，另一手将翻向上的壶底按住，两手作反方向的反复旋转，使壶盖沿与壶口轻轻摩擦，直至密缝。如气孔太小或有微粒堵塞，用锉刀慢慢锉大锉平即可。检验是否整修完毕有两法：其一是测试断水、放水的灵敏度，即按住气孔壶嘴不出水，放开气孔则马上出水；其二是测试壶的密封性能，将盛满水的壶按住壶嘴倒提，壶盖不会掉落，松开壶嘴则盖落。一般用前一方法测试，以免壶盖打碎。经整修后合用的新壶在泡茶前须除异味，可用粗老茶叶放入壶中，待吸尽异味后再用。

二、壶的养护

无论茶具名贵与否，要想享受到纯正的茶味与茶香，除了正确的冲泡之外，还要保养好自己的茶具。尤其像紫砂壶这样的相对较好的茶具，更需要爱茶之人无微不至的关怀。

紫砂茶具有三大特点：即泡茶不走味，贮茶不变色，盛暑不易馊。明代时大彬壶，明末清初惠孟臣制的孟臣壶，清代陈鸣远制的鸣远壶，以及陈曼生铭，杨彭年制的曼生壶，还有当代顾景舟制的紫砂壶，堪称紫砂壶中的瑰宝，成为不可多得的珍品。

紫砂壶是喝茶人的珍宝，但要使紫砂壶表现出真正的个性，就要有正确的养壶方法，泡壶是最好的养壶方法。紫砂茶壶的保养，我们俗称养壶，目的在于使壶能更好地蕴香育味，进而使紫砂壶能焕发浑朴的光泽和油润的手感。养壶的方法有很多，首要的一条，就是要小心使用，保持茶具的完整。除此之外，需要做到以下事项：

新的紫砂壶使用前，用洁净无异味的锅盛上清水，再抓一把茶叶，连同紫砂壶放入锅中煮，沸后，继续用文火煮上半个小时至一个小时。要注意锅中茶汤容量不得低于壶面，以防茶壶烧裂。或者等茶汤煮沸后，将新壶放在茶汤中浸泡两个小时，然后取出茶壶，让其在干燥，通风，而又无异味的地方自然阴干。用这种方法养壶，不仅可除去壶中的土味，而且有利于壶的滋养。

旧壶在泡茶前，先用沸水烫一下，饮完茶后，将茶渣倒掉，并用热水涤去残汤，保持壶的清洁。

另外，对新壶或旧壶来说，都应经常清洁壶面，并常用手或柔软的布料擦拭，这样有利于焕发紫砂泥质的滋润光滑，使手感变得更好。而且长此以往，会使品茶者和壶之间产生一种自然的情感，平添品茗的无限情趣。

具体应为：第一，新壶新泡首先要决定此壶将用以配泡哪种茶。譬如重香气茶或重滋味的，如果讲究的话，都应专门有备泡的壶，同时也可使新壶接受滋养。方法是用干净锅器盛水把壶淹没，用小火煮壶，将茶叶同时放入锅中同煮。等滚沸后捞出茶渣再稍等些时候取出新壶，置于干燥且无异味处随自然阴干后即可使用。第二，新壶使用时应首先用茶汤烫煮一番，一则可除新的烟土味和洗涤除污后即可使用。第三，旧壶重新使用，应做到每次泡完茶后，将茶叶渣倒掉并用热水涤残汤，以保持清洁，合乎卫生。第四，注意"壶内茶山"。有些人泡用完后，往往只除去茶渣，而往往将茶汤留在壶内随壶阴干，日久后累积茶山，但如果维护不当，壶内易生异味。所以在泡用 前应以滚沸的开水冲烫一番。第五，把茶渣摆存在壶内来养壶，这种方法绝不可取。一方面茶渣闷在壶内易发酸馊异味，有害于壶，另一方面紫砂壶能吸附热香茶味， 所以残渣剩味实无益于紫砂壶。第六，壶在使用时应做到经常擦拭，并应不断用手抚摸，久后不仅

用养壶笔擦拭养壶

手感舒服，而且能焕发出紫砂陶质本身的自然光泽，浑朴润雅，更能耐人寻味。第七，在清洗壶的表面时，可用手加以擦洗，洗后可再用干净的细棉布或其他较柔细的布擦拭，然后放于干燥通风又无异味处阴干，久而久之，自然会与这把壶发生深厚的感情。

第四节
茶具的收藏

茶具收藏，与字画、邮票、古钱币等收藏一样，都是很有意义很有趣味的一种业余爱好，可以从中提高文化素养、陶冶心灵、获取无穷的精神享受。在具有一定欣赏水平的前提下，由少到多、由浅入深，集成大小不等的规模，少则几件，多则几十件、几百件，你会在这茶文化天地的一隅里，增长才智，得到乐趣。

茶具收藏自古就有，既能实现泡茶的功能，又能作为家居装饰，同时还具有一定的增值空间，在经济条件允许的条件下，许多茶友都愿意收藏几件自己喜欢的茶具。

我国历代茶具，其品种之丰富就堪称世界无双。有茶碗、茶杯、茶盅、茶盏、茶壶、茶匙等。按质地可分成瓷、陶、玉、石等。按制作工艺或窑口分则更多，仅表面薄薄的一层釉彩就有几十种。历代

龙泉青瓷茶具

茶具中的某些珍稀品种，如唐代邢窑的白釉璧形足茶碗、南宋建窑黑釉兔毫纹茶盏、清代乾隆陈荫干制宜兴紫砂竹节提梁壶等，现在都已是国内外各大博物馆中的珍藏品了。另外，茶是古代文人雅士生活的重要部分，传世的图画书法中，也处处可见茶的踪影。透过这些器物与书画，呈现出古人多姿多彩的茶文化。

历代品茶，从唐宋讲究研磨茶末，到明清的烘焙茶叶，不但制茶的手法有了改变，而茶器亦随之更新。唐代陆羽在《茶经》中制定一套专供调制茶末的茶器，正式奠定了茶器在饮茶仪式中的地位。宋代为饮用茶末的黄金时代，独特的点茶方式，以及斗茶风气的盛行，把宋代吃茶艺术带向了极致。除原有的青、白瓷瓯外，鹧鸪斑、兔毫、油滴、贴花黑釉纹茶盏，成了宋人斗茶的新宠。

明洪武二十四年(1391年)诏令废制团茶，改制芽茶，自此茶叶冲泡法成为人们饮茶的模式。泡茶茶壶与喝茶的茶碗、茶盅成为明清时期最主要的茶器。又因为茶香、茶味不可外溢，制好的茶叶不可变色，故贮茶的茶叶罐也是必备茶器之一。

清宫藏茶画，华丽且不失雅趣；冷枚《耕织图》上备茶的情景就是农家的饮茶方式；金廷标《品泉图》则为传统文人品茶的延续；《汉宫春晓图卷》是典型的仕女茶会雅集，反映了茶与相关艺术的融合场景。水光山色下品茶情境，充满了诗情画意的人生乐趣。

收藏茶具种类很多，比较常见的就是瓷器茶具收藏和紫砂茶具收藏。紫砂壶是民间收藏的大项，其收藏与投资古已有之。进入 20 世纪 70 年代末期，紫砂壶的投资价值受到了人们青睐，其市场价格也不断上涨，但仿制品也大量出现。收藏紫砂壶一定要提高自己的鉴赏水平，以防陷入紫砂艺术

品收藏三大误区：

一是"土"的误区。过去人们认为用紫砂壶泡茶最好，不失茶的原味是因为宜兴的紫砂泥料烧制后具有双重气孔结构，吸水率高，具有一般陶瓷器皿所缺乏的透气性。现在陶艺普及，不少人将紫砂泥料误认为就是一般紫色土或配制出来的"紫砂泥"，用这种原料做出来的"紫砂壶"显然在泡茶功能上是没有优势的。

二是"色"的误区。宜兴紫砂泥由于其矿区、矿层分布不同，其天然色泽多达几十种，非常奇妙。天然紫砂泥质有红泥，或称朱砂泥、紫泥、本山绿泥（呈黄色）、天青泥（堪称泥中黄金，出矿时呈绿色，十分难得）和调砂泥等。但现在不少制壶者为了满足人们的观赏需求，在陶土时随意添加化学原料，最后制作出来的壶

色彩虽艳，但泡茶就会有异味，其价值反而不高。

三是"老"的误区。许多人认为紫砂壶越老越好，专门藏旧壶、老壶。市面上有两种造假方法，一是将泥料的表面作旧，方法是擦鞋油，仿佛人手经常摸的样子，看上去有古旧感，更有甚者是用强酸腐蚀作旧；二是将紫砂壶涂上白水泥用水去泡，做成出土效果。其实，衡量一把紫砂壶收藏价值高低的关键是看艺术价值，并非一定越古旧越好。

紫砂收藏有哪些标准，哪些是属收藏范围？收藏若以名为贵或以稀为贵，则会耗费大量财力，如收藏一件名壶大师的一件真品，其代价就目前市场而言，在中等城市中能买到一套标准住房，一件名家的作品也能把一个小家庭装备成现代化家庭。所以目前收藏名家

大师所制的紫砂壶，跟目前收藏书画大师的书画一样，名家大师所作珍品壶一般人也是很少能看得见，所以说名家大师的珍品壶和古今书画大师珍品画一样，只有在博物馆展览时才能见得到。从古至今历史地看待紫砂壶的工艺鉴赏可归纳为三个层次，一是高雅的艺术层次，它必须合理有趣、形神兼备，制技精湛，引人入胜，雅俗共赏，是使人爱不释手的佳品，方算得上乘精品。二是指工技精致形式完整，批量复制，面向市场的高档商品壶。第三指普通产品，既按地方风格生活习惯，规格大小不一，形式多样，制作技艺一般，广泛流行于民间的紫砂壶。收藏本身就有二种目的，一种是有经济实力，把目前所有很高价值的工艺品收藏。第二种是喜欢艺术，但实力不够，笔者认

为按上述所讲要领，如果自己能把握得当，把自己所爱较好的壶，通过使用、保养的方法来进行把玩，使用最后也能达到收藏的标准和目的。

手中的茶具，无论是用来使用还是收藏，都应该好好地保养，保养壶的养护具体操作步骤，可分以下六点：

1. 彻底将内外清洁

无论是新壶还是旧壶，养之前要把壶身上的石蜡、油污、茶垢等清除干净。

2. 切忌沾到油污

紫砂壶最忌油污，沾上后必须马上清洗，否则土胎吸收不到茶水，会留下油痕。

3. 经常冲泡

泡茶次数越多，壶吸收的茶汁就越多，土胎吸收到某一程度，就会透到壶表发出润泽如玉的光芒。

养护完毕后壶身有自然光泽

4.擦刷要适度

壶表淋到茶汁后，用软毛小刷子，将壶中积茶稍稍刷洗，用开水冲净，再用清洁的茶巾稍加擦拭即可，切忌不断地推搓。

5.使用后清理晾干

泡茶完毕，要将茶渣清除干净，以免产生异味，又需重新整理。

6.让壶休息

浸泡一段时间后，茶壶需要休息，使土胎能自然彻底干燥，再使用时才更易吸收。

按这六步养亮的壶，虽养成的速度较慢，但亮度可经久不褪，不惧人手气触摸。手捧一杯香茗，把玩或静静地欣赏着茶器茶画，对常年生活在快节奏中的现代人来说，真是可以清心也。陆羽泡的茶，像幅泼墨的山水画。如果随便拿开水一冲，茶汤是不会出现好看的汤色和光影的，更别说"泼墨山水画"了。"喝慢茶"把茶气和人气都氤氲足了，先调整好心境，找一种闹中取静的情绪，有收放自如的态度，才能把茶玩出味道来。

第六章　茶具文化　Chapter.6

俗语说"柴米油盐酱醋茶"，茶在百姓眼里可以与"油盐酱醋"为伍，在文人心里又与"琴棋书画"等高雅之事为伴，它既是古今文人生活重要内容之一，也是进行文学艺术创作的重要题材和手段。文学艺术与茶完美结合，使得茶这一翠嫩的绿叶，承载起丰富的文化内涵，包蕴了极为愉悦的审美体验。茶具，也是文学艺术创作中重要的对象与内容。

第一节
诗词中的茶具

茶具作为一种器物文化，在千百年来历史的演进发展过程中，与茶一样，逐渐与文学、诗词、书画、铭文篆刻等相互融合，成为中华茶文化的重要组成部分。"茶具"一词最早在汉代已出现。据西汉辞赋家王褒《僮约》有"烹茶尽具，酺已盖藏"之说，这是我国最早提到"茶具"的史料，就与诗词有着密不可分的关系。的确，诗词之于茶具，可以增添茶具的文学底蕴和文化气息，让茶香弥漫在唐诗宋词中间，不失为茶的一大幸事。

论及诗词与茶具，必然首推唐诗。绚丽多姿的唐诗中，茶诗的发展一脉相承，唐代写过茶诗的诗人和文学家有百余人，写有550余篇。大诗人杜甫、白居易以及孟郊、皮日休、陆龟蒙、郑谷等皆有茶诗篇或诗句传世，其中不少作品都是吟咏茶具的。

从中唐开始，饮茶之风极盛，文人饮茶成为时尚。当时饮茶用烹煮法，即唐诗中所说的"烹茶""煎茶"，故茶事中需要使用到的茶器具很多，有风炉、碾、拂末、水方、茶籝、瓯、盏、碗等。唐代文学家皮日休在《茶具十咏》中所列出的茶具种类便有"茶坞、茶人、茶笋、茶籝、茶舍、茶灶、茶焙、茶鼎、茶瓯、煮茶。"其中"茶坞"是指种茶的凹地。"茶人"指采茶者。在品饮过程中，唐人认为"青则宜茶"，因而在饮茶器具选择上惯用青色的瓷茶具，陆羽还认为越瓷最适宜饮茶。

以上茶具的选用在唐人诗词中均有提及。

"茶舍"多指茶人居住的小茅屋，皮日休《茶舍诗》曰："阳崖枕白屋，几口嬉嬉活。棚上汲红泉，焙前蒸紫蕨。乃翁研茶后，中妇拍茶歇。相向掩柴扉，清香满山月。"诗词描写出茶舍人家焙茶、研（碾）茶、煎茶、拍茶等辛劳的制茶过程。

古人煮茶要用火炉，唐以来煮的茶炉通称"茶灶"。

唐诗人陈陶《题紫竹诗》写道"幽香人茶灶，静翠直棋局。"可见，唐代文人墨客无论是读书，还是下棋，都与"茶灶"相傍，又见茶灶与笔床、瓦盆并列，说明至唐代开始，"茶灶"就是日常必备之物了。唐诗人陆龟蒙《零陵总记》说："客至不限匜数，竟日执持茶器"。《唐书·陆龟蒙传》说他居住松江南里，不喜与流俗交往，虽造访也不肯见，不乘马，不坐船，整天只是"设蓬席斋，束书茶灶。"往来于江湖，自称"散人"。

"茶籝"是一种类似笼箱的茶具。唐陆龟蒙写有一首《茶籝诗》"金刀劈翠筠，织似波纹斜。"可知"茶籝"是一种竹制、编织有斜纹的茶具。

"茶臼"与茶碾、茶磨一样，主要用于将饼茶研成末。茶臼里露胎，末施釉，臼面坑坑洼洼。唐代白瓷茶臼，内壁无釉，错刻斜线，线间含人字纹，以形成供研磨的糙面。唐代文学家柳宗元《夏昼偶作》诗"南州溽暑醉如酒，隐几熟眠开北牖。日午独觉无余声，山童隔竹敲茶臼"。唐代袁高《茶山诗》"选纳无昼夜，捣声昏继晨。"说的就是此种物品。该诗写夏日午睡时听到山童敲茶臼的声音，表达了作者的闲适之情。

而从茶性说到人们对茶的喜爱、从茶的煎煮说到人们的饮茶习俗及茶的功用，并提到四种以上茶具的，当属唐代诗人元稹的《一字至七字诗·茶》。该诗为宝塔体的诗，写得趣味横生：

茶

香叶，嫩芽。

慕诗客，爱僧家。

碾雕白玉，罗织红纱。

铫煎黄蕊色，碗转曲尘花。

夜后邀陪明月，晨前命对朝霞。

洗尽古今人不倦，将至醉后岂堪夸。

诗的开头用香叶、嫩芽对茶进行形象的描述，接下来说的是茶与诗人及僧客的缘分，然后说茶用白玉碾碾碎，再用红纱茶罗过筛。当茶放进茶铫里煮和泡到茶碗里时，茶汤泛起黄花般地茶沫，这说明茶的品质之美。诗中用"夜后邀陪明月，晨前命对朝霞。"写出人们晨昏皆饮的情致，最后又写了饮茶的感受。该诗对煎茶全过程进行了详细描述，并提及了"白玉碾""红纱茶罗""茶铫""茶碗"四种煎煮饼茶时的主要用具。

唐代茶诗中提及的主要饮茶器具是瓯（亦称"盏""碗"等），根据咏茶诗来看，瓯应是唐代最流行的瓷茶具。

随着饮茶之风的盛行，中晚唐时期直指越瓯的咏茶诗不胜枚举，或描写越瓯造型之美。孟郊《凭周况先辈子朝贤乞茶》云："蒙茗玉花尽，越瓯荷叶空。"皮日休《茶瓯》："圆似月魂堕，轻如云魄起。"或写越瓯之珍贵者有郑谷《送吏曾郎中免官南归》："箧重藏吴画，茶新换越瓯。"韩偓《横塘》："蜀纸麝煤添笔兴，越瓯犀液发茶香。"从盛唐到晚唐，赞美越瓯的诗作持续时间如此之长，可见越瓯在唐人饮茶习俗中占有多么重要的地位。

唐人除了崇尚以越瓯饮茶，更以白居易、杜甫等为代表，尚白瓷碗。白居易在《睡后茶兴忆杨同州》中写道："此处置绳白瓷瓯甚洁，红炉炭方炽。床，旁边洗茶器。"皎然《饮茶歌诮崔石使君》："素瓷雪色缥沫香，何似诸仙琼蕊浆。"颜真卿、陆士修联句中也有"素瓷传静夜，芳气满闲轩。"素瓷即为白瓷。杜南《进艇》诗有"茗饮蔗浆携所有，瓷田无谢玉为缸"之句，另一首诗《又于韦处乞大邑瓷碗》通篇咏颂大邑瓷碗："大邑烧磁轻且坚，扣如哀（一作"寒"）玉锦城传。君家白琬胜霜雪，急送茅斋也可怜。"诗中"磁"即"瓷"，全篇称赞四川大邑白瓷胎质薄（"轻且坚"），釉质细致洁白（"胜霜雪"），且胎体烧结很好因而风靡蜀中。

而到了宋、元、明代，"茶具"一词在各种书籍中都可以看到，如《宋史·礼志》载："皇帝御紫宸殿，六参官起居北使……是日赐茶器名果"宋代皇帝将"茶器"作为赐品，可见宋代"茶具"十分名贵，北宋画家文同有"唯携茶具赏幽绝"的诗句。南宋诗人翁卷写有"一轴黄庭看不厌，诗囊茶器每随身。"的名句。另外还散见于不少名家诗词中。

和梅公仪赏茶

宋·欧阳修

寒侵病骨惟思睡，花落春愁未解醒。

喜共紫瓯吟且酌，羡君潇洒有余情。

《汲江煎茶》

宋·苏轼

活水还将活火烹，自临钓石吸深情。

大瓢贮月归春瓮，小勺分江入夜瓶。

雪乳已翻煎处脚，松风犹作泻时声。

本能饱食禁三碗，卧听江城长短更。

元画家王冕《吹箫出峡图诗》有"酒壶茶具船上头。"明初号称"吴中四杰"的画家徐贲一天夜晚邀友人品茗对饮时，他乘兴写道："茶器晚犹设，歌壶醒不敲。"不难看出，无论是唐宋诗人，还是元明画家，他们笔下经常可以读到"茶具"诗句。说明茶具是茶文化不可分割的重要部分。

某伯子惠虎丘茗谢之

明·徐渭

虎丘春茗妙烘蒸，七碗何愁不上升。

青箬旧封题谷雨，紫砂新罐买宜兴。

却从梅月横三弄，细搅松风灺一灯。

合向吴侬形管说，好将书上玉壶冰。

咏紫砂壶

清·高江村

规制古朴复细腻，轻便可入筠笼携。

山家雅供称第一，清泉好瀹三春荑。

铭自制壶

清·郑板桥

嘴尖肚大耳偏高，才免饥寒便自豪。

量小不堪容大物，两三寸水起波涛。

赞邵大亨所制鱼化龙壶

民国·李景康

紫砂莹润如和玉，香雾纷藤茗初熟。

七碗能生两腋风，一杯尽解炎方溽。

壶兮壶兮出谁手，鬼斧神工原不朽。

我恋紫砂无釉彩

高庄

我恋紫砂无釉彩，相见如人披肝胆。

不靠衣衫扶身价，唯以本质令人爱。

在茶具上题诗是一个传统。我国古代人民既追求名茶，又讲究茶具的精细贵重，而且十分崇尚在茶具上题写、雕刻诗文，使茶具增添了传世的价值。茶具上题文之风最早起于两晋北朝，隋唐最盛。著名的有唐代道士兼诗人施肩吾的佳句"越碗初盛蜀析"。碗是享有盛誉的越州"千峰翠色"的青瓷碗，茶是美如琼浆玉液的新制"剑外九华英"。名碗盛茶，相得益彰，名碗再题上名诗，使得这只"越碗"身价倍增。唐末的皮日休还特意在越州的另一只碗上写过一首《茶瓯》诗："邢客与越人，皆能造瓷器，圆似月魂坠，轻如云魄起……"

我们常见茶具上的回文题词以四言居多，如"清心明目"四字，随便从哪个字破读，皆可成句："心明目清""明目清心""目清心明"意皆不变。又如"清心宜人"，说的是茶的妙处，倒过来读"人宜心清"，说的却是人情性的修养了。还有一回文："品一人茶"，似乎某君很专注，只饮一人为他沏的茶；但倒过来读，就变成了"茶人一品"，意旨迥异，显然指人品和茶品都达到了一品极致。寥寥四字，变化出耐人深思的哲理。

北京一藏家有一尊极为珍贵的紫砂茶壶，壶腰围处镌刻着"春螺碧如海"，倒过来读就是"海如碧螺春"。顺读是夸张描写长着苔色的春螺，倒读就变成了赞美那名扬四海的"碧螺春"名茶了。珍贵的紫砂壶泡上珍贵的碧螺春茶，诚可谓手捧双璧，相得益彰，人未饮茶而先陶然欲醉了。

第二节
散文中的茶具

茶具入散文，这是一种美与美的结合。因为散文是"集诸美于一身"的文学体裁，在我们的文学中，文学作品是表达人生和传达思想感情的。通常来说，小说、诗歌、戏剧无论是在结构上，还是在格律、剪裁、对话等安排布局上，都有很严格的要求，而散文，却可以自由些，看起来只是不经意地抒写着一己的经历和感受，所表现的多是零星杂碎的片段人生，语言诗意优美。也正是因为散文的这些特点，在一个文人需要在茶或者茶具的表情达意时，有了一个很好的契合点。茶，温润如玉，闻香而密；器，色泽暖人，一入手中，似乎握有整个天地；茶具入散文，即可随性而发，形神俱备。

行走在天地之间的茶叶、茶杯与茶具，其品质是由产地、土质、环境以及工匠的技艺决定的，差异很大。即使最上等的茶叶，也需融入水才能品尝出个中的滋味。而茶具必须在市场流通，让更多喜爱之人认知后，才能体现出价值。若将茶杯与茶具束之高阁，或作为一种摆设，无异于一块干枯的泥土，其价值是难以体现出来的。流通的茶具体现价值，这多么像文学创作需具有一颗飘逸流动的心灵。

假如文学家没有一颗流动的心灵，思绪就不能穿越时空，不能超越虚实，则许多美好的事情就不可能在天地间相会。如果文学家的思绪不开阔，文字的内容就会僵化，让人读起来味同嚼蜡，就会缺失令人遐想的意境。文学家必须有一颗流动的心灵，不拘的情怀，奇诡的想象，才能创作出许多伟大的作品。

手执紫砂壶，看着茶杯中浮沉的茶叶，感觉自己就像天地间一片茶叶，思绪亦如翩翩飞舞的蝴蝶，进入了一个非常美好的境界。

"去年春节期间，我从盛世茶行买了一套黑色的紫檀木茶具，配有两套烧水的不锈钢水壶。茶具的做工很雅致，令人爱不释手，可就是搬移起来不方便，只能将其放在客厅玻璃茶几上。我想让茶具能从客厅拖移到书房，从书房移到阳台或卧室的床前，这样更加方便喝茶。专为茶具设计一张小方桌，桌腿带有四只可以滚动的轮子，把茶具摆放在桌上，不仅可以方便在客厅品茶，更方便将茶具拖移到书房电脑桌前，边写文字边品茶，也可将茶具拖到庭院的树荫下，那是多么美好的事情。"赵可法在这篇《行走的茶具》中，令人有一种王维"独坐幽篁里，弹琴复长啸。林深人不知，明月来相照"的感觉自然袭上心来。

在现代文学中，提倡"性灵小品"的散文大家周作人也很喜欢茶道，他的文集中就有一部叫作《苦茶随笔》，周作人的小品文平和冲淡，非常闲适，也易于贴近生活，就像喝茶一样，茶苦茶香，都由喝者的心境所决定。下面是从他的作品《喝茶》里节选的一段文字：

前回徐志摩先生在平民中学讲"吃茶"，——并不是胡适之先生所说的"吃讲茶"，——我没有工夫去听，又可惜没有见到他精心结构的讲稿，但我推想他是在讲日本的"茶道"，而且一定说得很好。茶道的意思，用平凡的话来说，可以称作"忙里偷闲，苦中作乐"，在不完全的现世享乐一点美与和谐，在刹那间体会永久，在日本之"象征的文化"里的一种代表艺术。关于这一件事，徐先生一定已有透彻巧妙的解说，不必再来多嘴，我现在所想说的，只是我个人的很平常的喝茶罢了。

喝茶以绿茶为正宗，红茶已经没有什么意味，何况又加糖？葛辛的《草堂随笔》确是很有趣味的书，但冬之卷里说

及饮茶，以为英国家庭里下午的红茶与黄油面包是一日中最大的乐事，支那饮茶已历千百年，未必能领略此种乐趣与实益的万分之一，则我殊不以为然，红茶带"吐斯"未始不可吃，但这只是当饭，在肚饥时食之而已；我的所谓喝茶，却是在喝清茶，在赏鉴其色与香与味，意未必在止渴，自然更不在果腹了。中国古昔曾吃过煎茶及抹茶，现在所用的都是泡茶，冈仓觉三在《茶之书》里很巧妙的称之曰"自然主义的茶"，所以我们所重的即在这自然之妙味。中国人上茶馆去，左一碗右一碗地喝了半天，好像是刚从沙漠里回来的样子，颇合于我的喝茶的意思（听说闽粤有所谓吃工夫茶者自然也有道理），只可惜近来太过洋场化，失了本意，其结果成为饭馆子之流，只在乡村间还保存一点古风，唯是屋宇器具简陋万分，或者但可称为颇有喝茶之意，

而未可许为已得喝茶之道也。

喝茶当于瓦屋纸窗之下，清泉绿茶，用素雅的陶瓷茶具，同二三人共饮，得半日之闲，可抵十年的尘梦。喝茶之后，再去继续修各人的胜业，无论为名为利，都无不可，但偶然的片刻优游断不可少，中国喝茶时多吃瓜子，我觉得不很适宜，喝茶时所吃的东西应当是轻淡的"茶食"。中国的茶食却变了"满汉饽饽"，其性质与"阿阿兜"相差无几，不是喝茶时所吃的东西了。日本的点心虽是豆米的成品，但那优雅的形色，相素的味道，很适合于茶食的资格，如各色"羊羹"，据说是出自中国后代的羊肝饼，尤有特殊的风味。江南茶馆中有一种"干丝"，用豆腐干切成细丝，加姜丝酱油，重汤炖热，上浇麻油，出以供客，其利益为"堂馆"所独有。豆腐干中本有一种"茶干"，今变而为丝，亦颇与茶相宜。在南京时常食此品，据云有某寺方丈所制为最，虽也曾尝试，却已忘记，所记得者乃只是下关的江天阁而已。学生们的习惯，平常"干丝"既出，大抵不即食，等到麻油再加，开水重换之后，始行举箸，最为合式，因为一到即罄，次碗继至，不遑应酬，否则麻油三浇，旋即撤去，怒形于色，未免使客不欢而散，茶意都消了……

从这段文字中，不难看出茶对一个人的影响。世人常说在中国的传统文化中，练字需要平和的心境，心不静字也写不好。画画需要随心而动，心之所至，玉汝于成。唱戏需要动静结合，随心所欲。其实，喝茶能从柴米油盐之中脱胎而出，就证明了它平实之中的不平凡。茶道能陶冶情操，培养朴实无华，自然大方，洁身自好的精神。

周末的午后，带着紫砂壶茶具，开车到田野里去采摘野菜。休憩之余，捧一杯清茶在田野间轻轻漫步，倾听天地万物的声音。初春的田野，万物复苏，一片静穆，远处偶尔传来几声野雉沙哑的鸪鸪声，画眉鸟婉转地叫着，鸟鸣声更增添了田野的无比幽静。杨树挂出了榆钱般大小的绿叶，麦苗绿得直逼眼睛，溪边渠塘里的春水缓缓地流淌，水面上投射下一些斑驳的树叶光影，渠塘岸边紫色的苕子花开得正艳。喝着清香的茶水，令人很想放声高歌一曲，或在麦田里打几个滚，俨然忘记了自己的存在。

看着载浮载沉的慢慢舒展的嫩绿色茶叶，思绪亦如茶叶一样，飘逸开去。

试想一下，我们在文学上追求的境界，不也就是能更多地影响世人嘛？手执紫砂壶，看着茶杯中浮沉的茶叶，感觉自己就像天地间一叶茶叶，思绪亦如翩翩飞舞的蝴蝶，进入了一个非常美好的境界。

第三节
故事中的茶具

中国茶具种类之繁多，制作之精美，堪称世界之最。但是，无论茶具丰富到什么程度，茶壶和茶杯依然是最基本的两种，且形影不离。于是，人们便从它们身上感悟到不少的东西。其中，有一则小故事让人深受启发：

一个小和尚请求老和尚点拨点拨自己。老和尚就在小和尚面前放了一只茶杯，然后用茶壶往里边倒茶，倒到茶水溢出来还不停止，直到小和尚连喊"茶满了"才停下来。小和尚说："师傅，请您指点。"老和尚说："我已经教你了。"小和尚顿悟。原来，装满了茶水的杯子里是倒不进新茶的。

我国产茶的历史悠久，名茶众多，因此关于茶的传说自然不少，几乎每个名茶都有其一段美丽的传说，其内容融合了各式各样的人物、地理、古迹及自然风光等。神农尝茶很早以前，中国就有"神农尝百草，日遇七十二毒，得荼而解之"的传说。

还有唐代积公独爱陆羽煎茶的故事。唐朝代宗皇帝李豫喜欢品茶，宫中也常常有一些善于品茶的人供职。有一次，竟陵（今湖北天门）积公和尚被召到宫中。宫中煎茶能手，用上等茶叶煎出一碗茶，请积公品尝。积公饮了一口，便再也不尝第二口了。代宗皇帝问他为何不饮，积公说："我所饮之茶，都是弟子陆羽为我煎的。饮过他煎的茶后，旁人煎的就觉淡而无味了。"代宗皇帝听罢，记在心里，事后便派人四处寻找时，因小舟颠簸，壶水晃出近半，于是用江边之水加满而归，不想竟被陆羽识破，连呼"处士之鉴，神鉴也！"另外还有很多像"西湖龙井的传说"社会上仍然流传的关于我国名茶的传说。

"美食不如美器"历来是中国人的器用之道，从粗放式羹饮发展到细啜慢品式饮用，人类的饮茶经历了一定的历史阶段。不同的品饮方式，自然产生了相应的茶具，茶具是茶文化历史发展长河中最重要的载体，为我们解读古人的饮茶生活提供了重要的实物依据。中国茶具种类之繁多，制作之精美，堪称世界之最。但是，无论茶具丰富到什么程度，茶壶和茶杯依然是最基本的两种，且形影不离。

茶壶作为茶具中不可或缺的部分发展至今，其种类是异常繁多，有紫砂壶、铁壶，玻璃壶等数十种，款式更是千百余种。关于茶壶，有这样一个故事：

有一个老农，他们家祖上传下来一个紫砂壶，老农非常喜欢它，每每干完一天的农活后，就坐在自家的小阁楼上，泡上一壶茶，享受一番。

这天，老农忙完了一天的活计后，又坐在老地方，泡了一壶茶水，开始享受。忽然，停电了！老农在慌乱中不小心把那把茶壶的壶盖给弄掉在地上，只听"当啷"一声，老农想：坏了，我的宝贝呀！一个没有盖儿的茶壶还怎么喝水呀。于是，老农随手把茶壶朝窗户外一扔，便要去睡觉。电却在这时候来了。老农在站起身准备去睡觉的时候，脚碰到了一个东西，他低头一看，就发现那个茶壶盖还静静地躺在地上，完好无损。看着这个壶盖，想着自己白白扔出去的茶壶，老农一狠心，一脚把它踩的粉碎！然后就去睡觉了。一觉睡到天亮，老农闷闷不乐地起来去干活，走到院子里的时候，无意中老农一抬头，却看到了那个昨夜被老农仍出来的茶壶，它依旧挂在那阁楼窗户外的一棵大树上，老农气急了，随手就是一锄头，把那个茶壶也给砸碎了。老农想，要是当初把它卖了也还可以落一笔钱。从此，老农郁郁寡欢，不久便与世长辞。

这个故事告诉我们一个道理：有时候主观意识和客观事实是有一定差距的，不要以为自己想的就是对的，不要以为这样做了，就一定能出现这样的结果！其实，有些坏事，往往也有好的一面，而好事，也不一定就那么完美无缺！

人，往往被自己的主观意识所主宰，看待事情，就凭自己的想象去断定它的好坏，而不去看它真实面目，所以很多人因此上当受骗。其实许多事根本就不需要去想，只要等着它去发展，它自然就会水落石出的，但是却有很多性子急的人，不到事情结束就凭自己的感觉盲目地去跟从，结果自然是令人遗憾的。其实，只要静下心来，不要被眼前的浮华所迷惑，脚踏实地，把一切看明白了再去做。只有勤劳的人才会有收获，而那些整天梦想着不劳而获的人，到头来的下场，又有几个是好的？

又有这样一则故事，说的是从前有个行人，扁担上挂着的茶壶突然坠地，摔碎了。可是他头也不回地朝前走，别人看见了，忙喊："喂，看你的茶壶碎了啊！"他答道："知道了，既然碎了，回头看又有何用呢！"

这是哲人讲的故事。生活中，多数人是难以修炼到如此豁达的境界的。比如说，某人在一家有地位的机关就职，收入不错，可是最近机构改革，他下岗了；再如，某人大学毕业了，工作相当投入，事业有进步，正准备竞选科长，但那个职位却被一个平庸之辈占了。面对这些，他们的生活目标、个人尊严以及自我价值一时顿失，他们还能像什么事也没有发生一样立刻将不幸从记忆的底片上抹去？茶壶碎了，至少会停下来看看，叹息乃至后悔一番吧！然而细细想来，对于那些不堪回首的沉痛，耿耿于怀又有何意义？倒不如挥一挥手让它们随风飘去，再潜心思考怎样把茶壶系得更牢固，挺过去，也许前面就是一片蔚蓝的天空！

人在身处逆境时，更应该培养适应环境的能力，通往成功的路不止一条，没必要一条路走到黑，忘却那些恼人的事，并不代表背叛了初衷。为人处事必须能伸能缩，放弃无可挽回的事并不意味着整个人生就此暗淡无光。成功在关闭一扇门的同时，也会打开另一扇门，完全可以以退为进、以守为攻，一旦时机成熟，就会反败为胜！即使没有胜利，至少忘却不幸，可以真正给生命带来欢乐。所以，应该在该记取的时候记取，在该忘却的时候忘却，千万不可灼伤了心灵。

以上两则关于茶壶的故事给我们以人生的启迪，那么关于茶杯又有什么样的故事值得我们思索与揣摩呢？

中国大酒店创业之初，发生了一件体现中方和外方管理文化上的差异的小事，但小事中却包藏着大问题，一个关于管理和情理的问题。

事情缘于一位外方部门经理检查客房，他不仅用眼睛检查地面、窗帘、浴室，还伸手四处摸摸，发现一切都打扫得干干净净，没有任何灰尘，床也铺得很整齐。正当他满意地点头之际，却发现了一个严重的问题：茶几上的茶杯朝向错了。这里说朝向错，不是说茶杯放得不够整齐，而是茶杯上五个写着酒店品牌的字不见了，这五个字就是"中国大酒店"。按规定，杯子上"中国大酒店"五个字应当向着门口，让客人一进门就看得见，以便传达酒店的品牌形象。另外，那盒小小的火柴，也没有放在烟灰缸后面，而是放在烟灰缸旁边。这使外方经理大为恼火，他当众斥责服务员小温，说她工作粗心大意，不负责任，不懂规矩。小温是一位18岁的广州女孩，

刚入职不久，她受不了被人当众斥责，便与经理顶撞起来。她说这仅仅是一点小事，并不影响酒店的服务质量，客人也不会计较，这分明是鸡蛋里挑骨头，小题大做，欺人太甚。

如此引来的一场冲突，在当日算得上是轩然大波。当天，受了顶撞的外方经理也很难过。他找到中方经理交换看法，中方经理诚恳地说，在我们中国的社会制度里，上级是人，下级也是人，大家的关系是平等的，唯有对员工满怀爱心，循循善诱，员工才能接受你的批评教育。她们不习惯生硬的训导方式，总以为只有资本主义国家才会这样对待工人。外方经理恍然大悟：原来我们在管理方法和思想观念上，存在着差距。我不了解国情，只是就事论事，见她粗心大意，根本没有品牌意识，情急之下没有注意工作的方式和方法。他反思了一夜。第二天，他出现在

小温正在清洁的客房。小温有点愕然，他们不约而同地望向茶几上的茶杯，这回，茶杯摆对了。那一瞬间，他们相视而笑，仿佛昨天的"恩怨"已一笔勾销。他是来向小温道歉的，他说："我昨天在众人面前大声斥责你，挫伤了你的自尊心，这是我的不对。但是，杯子的摆法非讲究不可。从品牌管理的角度看，将"中国大酒店"五个字摆在显眼位置，不是一件小事，而是通过细节处处传达酒店品牌形象的大事。"品牌既是管理的起点，也是终点，酒店提供的一切优质服务过程都在品牌中凝结。中国有句古语：通情才能达理。外方经理寓理于情的态度令小温感动，在短短的几分钟里，他又赢得了下属的尊敬。从此，小温格外注意这样的细节，在认真里面，又多了一种自觉。

这件事触及企业管理的核心问题：既要严格管理，又要关心人、理解人、尊重人；既要加强思想教育，又要耐心说服，讲清道理，这样才能调动职工的积极性。外方管理人员对酒店管理制定了严格的制度，讲究规范化、科学化，这都是对的；但另一方面，他们又常常将自己与职工的关系看成是主仆关系，员工一有差错，就以粗暴的态度斥责、惩办，对职工缺乏理解、尊重和爱护。后来，酒店针对上级批评下级的态度和方式，以及如何做好督导，如何有效解决冲突等等，设立了专门的培训课程。酒店自身的企业文化就在差异和冲突的调解中得到提炼，一次次地积淀下来。

一年多之后，小温被评为酒店的"服务大使"，她在介绍经验的时候讲到了这件"小事"对她的启迪。不久，她还升职当上了主管，这下轮到她给新来的员工讲茶杯的故事了。

最后，还有这么一则故事，是茶壶与茶杯的故事。

一个满怀失望的年轻人千里迢迢来到法华寺，对住持释园说："我一心一意要学丹青，但至今没有找到一个能令我心满意足的老师。"

释园笑笑问："你走南闯北十几年，真没能找到一个自己的老师吗？"年轻人深深叹了口气说："许多人都是徒有虚名啊，我见过他们的画帧，有的画技甚至还不如我呢！"释园听了，淡淡一笑说："老僧虽然不懂丹青，但也颇爱收集一些名家精品。既然施主的画技不比那些名家逊色，就烦请施主为老僧留下一幅墨宝吧。"说着，便吩咐一个小和尚拿了笔墨砚和一沓宣纸。

释园说："老僧最大的嗜好，就是爱品茗饮茶，尤其喜爱那些造型流畅的古朴茶具。施主可否为我画一个茶杯和一个茶壶？"年轻人听了，说："这还不容易？"于是调了一砚浓墨，铺开宣纸，寥寥数笔，就画出一个倾斜的水壶和一个造型典雅的茶杯。那水

壶的壶嘴正徐徐吐出一脉茶水来，注入到了那茶杯中去。年轻人问释园："这幅画您满意吗？"释园微微一笑，摇了摇头。释园说："你画得确实不错，只是把茶壶和茶杯放错了位置了。应该是茶杯在上，茶壶在下呀。"年轻人听了，笑道："大师为何如此糊涂，哪有茶壶往杯中注水，而茶杯在上茶壶在下的？"释园听了，又微微一笑说："原来你懂得这个道理啊！你渴望自己的杯子里能注入那些丹青高手的香茗，但你总把自己的杯子放得比那些茶壶还要高，香茗怎么能注入你的杯子里哩？只有把自己放低，才能吸纳别人的智慧和经验。"

年轻人思忖良久，终于恍然大悟。

茶的影响不仅是在故事的流传中，还对戏曲产生很大影响。在江西就直接产生了"采茶戏"这种戏曲。茶叶文化长期浸染他们在剧作家、演员生

活的各个方面，以至戏剧流派的名称也离不开茶叶。如明代我国剧本创作中有一个艺术流派，叫"玉茗堂派"，即是因大剧作家汤显祖嗜茶，将其在临川的住处命名为"玉茗堂"而引起的。汤显祖的剧作，注重抒写人物情感，讲究辞藻，其所作《玉茗堂四梦》刊印后，对当时和后世的戏剧创作，有着不可估量的影响。当然，茶使汤显祖在我国戏剧史上所起的作用，当不会限于流派的一个名字上。

粉瓷盖碗

第四节
绘画中的茶具

辉煌灿烂的中华茶文化在漫长的历史时光中，与中国传统绘画结下了不解之缘。茶与中国传统绘画都具有清雅、质朴、自然的特点，这是两者千秋之缘的基础所在。茶与绘画的结缘，使得众多爱茶人得到了更多的艺术享受。

茶画在中华民族的瑰丽多姿的艺术宝库中，占有光辉的一席之地。它以高超的艺术形式、生动的人物形象和丰富的文化蕴藉，真实地反映了当时社会不同阶层的社会生活和风土人情。从历代茶画这一历史的长卷中，可以清楚地看出当时社会的人物形象、品茗方式、茶道器具的运用等茶文化发展史中的诸多生活侧面。特别是某些朝代在茶文化发展史上，找不到一本茶事专著，但仍可以从绘画中找到一些有关茶具的踪影。

中国茶事究竟何时入画，历来是一个有争议的问题。美国人威廉·乌克斯在他那本很有影响力的《茶叶全书》提到了这个问题，他说："中国古代之绘画以茶为题材者殊少。唯在英国博物馆中有一幅题名为《为皇煮茗》的作品，作者为明代的仇英，图上绘一宫殿中之花园，地点可能为当时之首都南京。绘于一暗色之绢帛上，展轴可见皇帝高坐于皇宫之花园中。"如果按他的这种观点，中国茶事入画应该是明代时才有，但只要对中国茶文化或中国传统绘画有一些了解的人都知道，这样的观点显然是错误的。

其实，茶事入画在我国由来已久。中国古代以茶为题材的绘画，非但不是"殊少"，而且源远流长。据考古证明，早在西汉时，茶已经与中国传统绘画结缘了。1972 年，湖南长沙马王堆墓葬中，就有一幅敬茶仕女帛画，是汉时皇家贵族烹茶饮用的真实写照。而同样是在 1972 年，四川大邑县出土的东汉年间的画像砖上，有文人宴饮的场景，人物神态自然，场面气氛热烈。

辉煌灿烂的中华茶文化在漫长的历史时光中，与中国传统绘画结下了不解之缘。千百年来，中国历代的很多画家创作了极为丰富的与茶有关的绘画，这些都极大地丰富了中华茶文化。茶与中国传统绘画都具有清雅、质朴、自然的特点，这是两者千秋之缘的基础所在。茶与绘画的结缘，使得众多爱茶人得到了更多的艺术享受。翻开中国传统绘画的历史，会发现中国茶画作品的丰富多彩、绚烂夺目，这些历朝历代画风各异的作品不仅多层次、多角度地再现了中国古代种茶、制茶、茶具、茶肆等与茶相关的各种活动、器具和生活场景，而且还包含了丰富的人生与艺术哲理，历代的茶画在反映历史、再现生活情趣的同时，更给时人和后世以无限美的艺术享受。

以茶为主题的绘画早在唐代就有不少画家的作品。唐代茶事大兴，绘画中出现了不少以茶事为主题的作品。这些作品真实地反映了当时茶文化社会生活中的形态和地位，为后世研究者提供了极为宝贵的形象化资料。将这些茶画作品汇集在一起，不失为一部中国几千年茶文化历史图录，同时又具有很高的欣赏价值。

最早茶事绘画作品应是唐代画家阎立本的《萧翼赚兰亭图》，唐代是中国茶文化的鼎盛时期，自从陆羽《茶经》问世以后，产茶、饮茶、品茶日渐普及，有关茶的画家、画作、画事也多了起来。

萧翼赚兰亭图［唐］阎立本

《萧翼赚兰亭图》描绘的是唐太宗派遣监察御史萧翼到会稽骗取辨才和尚宝藏之王羲之书《兰亭序》真迹的故事。存世有两本，一藏台北故宫博物院，一藏辽宁省博物馆。据专家考证，一为北宋摹本，一为南宋摹本。辽博藏本卷后有明代画家文徵明长跋，定为真迹。此卷不论从内容或形式看，都较成功地描绘了人物的内心精神世界，呈现出各自不同的性格特征。此图从画风分析，也较符合宋黄伯思《东观余论》中所说的"博陵之笔缜细"和米芾《画史》中陈述的"皆着色而细"的记载。据此，这幅作品虽定为宋人摹本，但以此来衡量阎立本的艺术成就以及鉴赏中唐以后的人物画风格，有一定的参考价值。

宋代时期一批宫廷画家和民间画家创作了大量的茶画，集中表现了当时的制茶、烹茶、品茶的情景。当时很多的绘画，都真实地反映了当时画家对茶文化的深切感受。宋代有关茶事的作品较多，有反映碾茶工序的《碾茶图》，反映宋代文士雅集的《文会图》，还有描绘唐代人烹茶境界的《卢仝烹茶图》。

元代虽然在历史存在的时间不长，但也流传给后世不少关于茶的绘画，当时的画家赵原创作的《陆羽品茶图》，突破了前人以书斋、庭院、宫苑为背景的传统，将茶人、茶事移至幽静的山川林泉之中，体现出茶文化与自然相结合的特点。而元代的另一位大画家赵孟𫖯在品茗、吟诗之余，更是创作了大量茶画，其中《斗茶图》形象地反映了当时的人们在品茶、斗茶时的一种闲适生活。

随着茶文化的不断发展，明清两代的茶画就更多了，而且在题材与表现形式上与唐宋时期有所不同。唐宋时期的茶画多以人物画为主，明清时期的茶画则以山水画为多，这与明清时期的茶文化崇尚自然有很大关系。明代的大画家文徵明、唐寅、仇英、沈周都是茶画积极创作者，他们同居苏州，以茶会友，通过绘画表现品茗的优雅之乐。清代的茶画还有一个重要转变，那就是随着茶馆文化的兴起，一大批反映当时人们留恋于茶馆、茶肆的风俗速写、素描不断问世，更进一步丰富了茶画种类。

晚清以后，茶画又呈现出新的发展特点，即不断涌现出以写意的花卉小品来表现茶事的画作。早可追溯到扬州八怪的汪士慎、李鲜，之后是虚谷、吴昌硕、齐白石、丰子恺等画家都创作了很多以茶为题材的佳作，极大地丰富了茶文化内涵。下面介绍一下经典之作：

惠山茶会图
[明]文徵明 （纵
21.9厘米，横67厘
米，北京故宫博物
院收藏）

画面描绘了正德十三年(1518年)，清明时节，文徵明同书画好友蔡羽、汤珍、王守、王宠等游览无锡惠山，饮茶赋诗的情景。半山碧松之阳有两人对说，一少年沿山路而下，茅亭中两人围井阑会就，支茶灶于几旁，一童子在煮茶。

画前引首处有蔡羽书的"惠山茶会序"，后纸有蔡明、汤珍、王宠各书记游诗。诗画相应，抒情达意。

品茶图 [明]文徵明　台北故宫博物院收藏

画中茅屋正室，内置矮桌，文徵明、陆子傅对坐，桌上只有清茶一壶二杯。侧尾有泥炉砂壶，童子专心候火煮水。根据书题七绝诗："嘉靖辛卯，山中茶事方盛。"陆子傅对访，遂汲泉煮而品之，真一段佳话也。

《煮茶图》描绘了卢仝坐于榻上，双手置膝，榻边置一煮茶炉，榻前几上有茶罐、茶壶，置茶托上的茶碗等，旁有一须仆正蹲地取水，榻旁老婢手捧果盘。画面生动，背景玉兰盛开，花草山石惟妙惟肖。

煮茶图 ［明］丁云鹏 （纵 1.405 米 横 0.578 米，无锡市博物馆收藏）

图中描述了卢仝《走笔谢孟谏议寄新茶》诗意。画中卢仝坐蕉林修篁下，手执团扇，目视茶炉，正聚精会神候火煮汤，图下一长须仆拎壶而行，似是汲泉去，左边一赤脚婢，双手捧果盘而来。画面描绘了煮泉品茗的情景。

玉川煮茶图 ［明］丁云鹏 （北京故宫博物院收藏）

煮茶图［明］王问 （台北故宫博物院收藏）

这是继王绂《竹炉煮茶图》后的又一以竹炉煮茶为题材的画。煮茶炉是竹炉，四方形，炉外用竹编成。画左边一童展开书画卷，一长者正在聚精会神地欣赏看。

此画以线描绘出大小茶壶和盖碗各一，明暗表现得十分好。画上自题五代诗人胡峤诗句："沾牙旧姓余甘氏，破睡当封不夜侯。"另有当时诗人、书家朱显渚题六言诗一首：

"洛下备罗案上，松陵兼到经中，总待新泉活水，相从徐徐清风。"茶具入画，反映了清代人对茶具的重视。

山窗清供图 ［清］薛怀

复竹炉煮茶图 ［清］董诰

明代王绂曾作《竹炉煮茶图》遭毁后，董诰在乾隆庚子(1780年)
仲春，奉乾隆皇帝之命，复绘一幅，因此称"复竹炉煮茶图"。画
面有茅屋数间，屋前几上置有竹炉和水瓮。远处有山水，右下有画
家题诗："都篮惊喜补成图，寒具重体设野夫。试茗芳辰欣拟昔，听
松韵事可能无。常依榆夹教龙护，一任茶烟避鹤雏。美具漫云难恰并，
缀容尘墨愧纷吾。" 画正中有"乾隆御览之宝"印。

结语
茶具的未来世界

除了对于历史的追寻，现实的观察，人们还往往对于事物的未来预测也有浓厚的兴趣。关于茶具的未来世界如何，自然也在视野之中。

要洞察未来，就要关注现实的几个细节：

在各种各样的茶文化节，各有特色的茶文化博览会，各有诉求的茶文化学术研讨会，只有茶会活动，不少人往往拿着自己随身所带的小茶杯，找到不同的茶席，请一杯浓郁的香茗。这种小茶杯，大多设计精巧，制作精良，别具一格，用小布袋装着，颇有情趣。使用小茶杯，既卫生，又方便，还环保（如减少了一次纸杯的使用）。而小茶杯的选择，则体现出主人的个性、爱好与审美情调。

如今，对于原有的茶艺水准，茶艺编创，茶艺表演，人们已有不满足感，希望有新的创意，新的提升，新的突破。但是，在这些方面要有所创造，有所进步谈何容易。于是，近些年来原从属于茶艺一部分的茶席，也正在逐步以独立的形态进行展示。当茶席与茶艺整体融为一体时，动态展示成为关注点，而茶席单一的进行静态展示时，就只能是依靠自身的魅力。这时候，茶具的材质、形状、色泽、品貌、品相及品质，就成了中心点。

还有一种情况是随着茶文化活动国际交流增加，各个国家的同台演出越来越多，也是各国茶具艺术的大展示。特别是各国人士共同参加的各种"无我茶会"和主题茶会，每个人都可以近距离接触，能够更好地欣赏茶艺，品味茶叶，也可以观赏茶具，甚至能够把玩茶具。这种面对面的交往，也是很直观的茶具交流活动，必然给参与人员以影响。

当前的这些细节，实际上透露了未来茶具的诸多信息：

第一，个性化。每个人都希望拥有符合自己心意的茶具，体现出自身的艺术与文化品位。这种取向，必然使更多、更好的个性化茶具问世。现在，也有到各个名窑所在地去拜师学艺，自己设计和制作茶具的；或者说与设计者、制作者直接联系，说明自己对茶具的具体要求的。这些做法，都是为了达到个性化的追求。

第二，品牌化。茶席虽然需要设计理念，创作灵感，创意思维。但是，由于茶席的主体是由茶具构成的，没有新颖的茶具，没有上乘的器物，即使有"十八般武艺"，也是难以奏效的。而且，茶席是近观，对于茶具的质地、品格都有极高的要求。因此，品牌化的产品，享有美誉度的茶具，自然容易受到消费者的欢迎。

　　第三，国际化。实际上，世界上的茶具追根溯源都是来自于中国，但是，各国茶具也都带有民族文化、民间茶俗、工艺传统的烙印。许多国家的茶具，成为饮茶文化的特色。尤其是作为东方国家的日本与韩国，更是日本茶道、韩国茶礼的重要组成。长期以来，"东方茶文化圈"的交流与交往，在茶具方面也产生了潜移默化的相互影响。茶具的国际化考量，也是我们必须关注的问题。

　　当然，个性化、品牌化、国际化的走向，并不会改变茶具自身的生活品、艺术品、收藏品属性。而是在未来世界，呈现出新的光彩。十多年前，我曾在《家庭茶知识手册》中倡导：让日用的茶具升值。当然，要让生活品成为艺术品、收藏品，是需要眼光，需要技艺，也需要岁月的熏陶的！

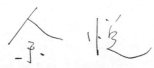

2014 年 7 月于江西洪都旷达斋

参考文献

［1］徐结根.简述中国茶具发展史［J］.茶世界，2011（2）：60－63.

［2］陈文华.中国古代茶具演变简史［J］.农业考古，2006（2）：131－140.

［3］华夏.中国竹木茶具欣赏［J］.茶·健康天地，2011（6）：39.

［4］赵可法.行走的茶具［N］.青岛财经日报，2013－09－06.

［5］龚永新.茶文化与茶道艺术［M］.北京：中国农业出版社，2011.

［6］王建荣，赵燕燕，郭丹英.中国茶具百科［M］.济南：山东科学技术出版社，2007.

［7］查俊峰.茶文化与茶具［M］.成都：四川科学技术出版社，2004.

［8］佘彦焱.中国历代茶具［M］.杭州：浙江摄影出版社，2013.

［9］吴光荣.茶具珍赏［M］.杭州：浙江摄影出版社，2004.

后 记

壶里乾坤

"壶里乾坤大，茶中岁月长"，这是人们熟知的一句话。对于壶里乾坤来说，用这么一本薄薄的小册子，是很难说清楚，更不用说穷尽的。例如：习见的长嘴大铜壶之类的民间茶具，丰富多彩的少数民族茶具，因受篇幅的限制，未能一一涉及。我们的所做努力，只是提供引路的门径，展示风景的一角。

《大美中国茶》是由中国民俗学会茶艺研究专业委员会、江西省民俗与文化遗产学会、江西省茶艺师职业技能培训中心、南昌宏洋小康茶文化传播公司共同策划与组织的，我本人担任主编，程琳茶艺技师担任副主编。《茶具文化图说》一书，由本人编写提纲，撰写引言、结语和充实、修改及定稿，并且拍摄了大部分照片；程琳设计和指导了部分茶席拍摄；江西师范大学文学院张弦写作了初稿。

南昌宏洋小康茶文化传播公司曾员梅总经理对本书的编撰出版极为关心，提供了许多帮助，还组织人员专门拍摄了部分照片。《新法制报》摄影记者、cfp签约摄影师秦方热心茶文化宣传，拍摄了一些茶具照片。

世界图书出版西安有限公司薛春民总编辑对于本书的

定位和要求，提出来许多可贵的指导意见，对于本书的策划创意、写作安排和后续事项，都进行了周到安排；责任编辑李江彬对于本书的写作完成、编辑审稿，做了很多细致的工作。

借此机会，特向以上单位与个人表示衷心的感谢！

在这繁忙的闲暇时，在这红尘的喧嚣中，让我们每一个人使用喜爱的茶具，冲泡清新的香茗，使身体得到放松，使心情得到愉悦，使灵魂得到升华！

余　悦

于江西洪都旷达斋

2014 年 7 月 12 日